KB073759

PARTY food in style

Jinny Salmon 강 지영

영국 University of Kent 언어학 전공
영국 Leith School of Food and Wine 졸업 – 음식 문화학, 쉐프 자격증 취득
영국 Wine and Spirit Education Trust 졸업 – 와인학
영국의 Bibendum, mossimond's 등 유명 레스토랑에서 chef로 활동
프리랜서 캐이터러로 활동
Odd bin 와인 회사에서 샵 매니저로 활동
Overseas women's club에서 캐이터링 매니저로 활동
現 탑테이블(TOP TABLE) 대표
파티코디네이터, 음식 문화와 와인 강사, 메뉴 플래너, 레스토랑 컨설턴트 및 음식 평론가로 활동 중

■ 파티 코디네이터

보졸레 누보 파티 기획과 진행, 한강 선상 와인 파티, 대기업과 각국 대사관 파티, 정명훈 음악회 등 다수

■ 음식 문화와 와인 강사

성신 여자 대학교 파티 플래너 과정, 이화 여자 대학교 FnC Korea,
중앙 대학교 산업 연구원 소믈리에 과정, 보르도 와인 아카데미, 행복이 가득한 집, 한정혜 요리 학원,
라 퀴진, 와인 21.com 와인 아카데미 및 레스토랑과 기업(LG, 삼성, 태평양, 동원 FnC, 동서식품,
제일제당, 위니아 만도, 테팔 등) 강의

■ 레스토랑 컨설턴트

조선 호텔 중식당 호경전, 쉐라톤 호텔 와인 바, 도이치 브로어 하우스, 라 도레 와인 리스트,
TGI Friday 음료와 음식 매칭, 뼁 빌라쥬 베이커리, 라 돌체 비타 파스타 식당, 여의도의 아침 카페 외
여러 식당과 바

■ 음식 평론가

〈나는 서울이 맛있다〉와 〈Seoul Food Finder〉 책 저자, 조선 일보 〈지니와 앤디의 맛집 나들이〉
한겨레 신문 〈식탐마녀의 가족 나들이〉, Korea Herald 칼럼 〈PORKERS〉
Cookand, Deco Figaro, Haute, With, GQ, Allure, 현대 백화점 외 다수 잡지에서 활동
행복이 가득한 집, 데코 피가로의 와인 칼럼니스트

김 진화 탑테이블의 총괄 실장이자 디저트를 담당하는 파티 파티시에 및 파티 코디네이터

김 은영 탑테이블 데커레이션을 책임지고 있는 파티 스타일링 팀장

최 선휘 탑테이블의 요리를 책임지고 있는 파티 케이터링 팀장

어시스턴트 TOP TABLE 5기 : 김양희, 박강인, 박주원, 이소영

식사 시간에 따른 분류 >>

아침 breakfast 아침 식사를 의미하며 메뉴에 따라 4가지로 나뉜다. • 유럽식 Continental 유럽식이고 크루아상이나 브리오슈를 커피나 과일 주스와 함께 먹는다. 나라마다 조금 차이는 있지만 과일이나 치즈 등이 첨가되기도 한다. • 미국식 American 미국식이고 짧은 시간 내에 영양을 섭취할 수 있는 실리적인 식사이다. 연하고 다소 많은 양의 커피와 우유에 말아 먹는 시리얼이 대표적이다. 때론 토스트와 반숙한 계란 프라이가 첨가되기도 한다. • 영국식 English 가장 무거운 형태의 아침 식사로 햄, 소시지, 베이컨뿐만 아니라 감자, 토마토, 버섯 등의 야채도 기름에 자글자글 튀겨 낸다. 우유를 넣은 홍차와 과일 주스, 토스트나 기름에 튀긴 빵을 오렌지 마멀레이드와 함께 먹는다. • 전통식 Traditional 각 나라마다 아침에 흔히 먹는 식사 형태이다. 아시아에서는 주로 죽이나 밥을 먹는 편이다.

브런치 Brunch 요즘 들어 한국에서 선풍적인 인기를 누리는 브런치는 보통 늦게 일어난 주말에 여유를 가지고 아침과 점심 식사를 합쳐서 즐기는 것을 말한다. 일주일의 피로를 풀기 위해 비타민이 많은 과일과 야채 위주의 식단이 많다.

점심 Lunch 점심 식사이며 보통 간단하게 메뉴를 짠다. 오찬Luncheon은 좀 더 무거운 점심 식사를 의미한다.

티타임 Tea Break 오후 4시경에 이른 점심 후의 허기를 달래거나 졸림을 해결하기 위해 차나 커피처럼 카페인이 들어 간 음료와 함께 쿠키나 케이크, 초콜릿 같은 단 다과 혹은 샌드위치류의 간단한 스낵을 먹는 형태를 말한다.

저녁 Supper 저녁 식사로 보통 가정에서 편하고 소박하게 먹는 것을 말하며 Dinner는 정찬 정도로 잘 차려 먹는 저녁 식사를 의미한다.

야참 Night Snack 소화나 다이어트에 무리가 적은 메뉴를 고르는 것이 좋다.

은 대화 도중 음악 소리가 너무 크면 집중이 잘되지 않으므로 주의한다. 물론 파티의 성격에 따라 음악 선정도 달라진다.
크리스마스에는 분위기에 맞는 캐롤이 잔잔하게 흘러 나오도록 하고 중년 이상의 연령층이 많은 파티에서는 조용한 세미 클래식이, 와인을 곁들인 저녁에는 너무 무겁지 않은 재즈나 올드 팝도 알맞다. 젊은 연령층들은 성격에 따라 와일드한 느낌의 락이나 힙합 같은 댄스 음악, 차분한 분위기를 자아내는 클래식이나 오래된 샹송 심지어는 아프리카 음악이나 레게 같은 이색 음악도 파티 분위기를 업그레이드시킨다. 어린이 파티에는 동요나 영어 동요 등을 틀어 함께 따라 부르기를 유도해도 좋다. 파티의 컨셉, 즉 성격과 연령층, 계절성 그리고 모인 사람들의 취향에 따라 음악 선택의 폭이 넓기 때문에 테이프나 CD는 여유롭게 골고루 준비하는 것이 현명하다.

파티 스타일링을 위한 소품

린넨

테이블 스타일링에 들어가는 모든 천을 의미한다. 형태와 쓰임새 별로 테이블클로스, 러너, 매트, 냅킨 등으로 나뉜다. 린넨을 선택할 때는 실용적인 면을 고려해 세탁이 쉽고 세탁할 때 변형이 적은 소재를 선택하는 것이 중요하다.

같은 계열의 색을 사용할 경우에는 톤의 차이를 주면 안정적이면서도 다채로운 이미지가 연출된다. 이때는 너무 평면적으로 느껴지지 않게 천의 질감이나 무늬를 약간 달리해 변화를 주면 좋다. 서로 상반된 색을 사용할 때는 주가 되는 색을 정하고 나머지 색은 포인트로 사용한다. 질감이나 무늬를 통일해야 산만하게 보이지 않는다. 또 비슷한 계열의 몇 가지 색을 함께 사용하면 다채로우면서도 질서 있는 상차림 연출이 가능하다. 단지 질감이나 채감은 통일해야 세련된 느낌을 준다.

■ 테이블클로스 테이블클로스란 테이블을 덮는 메인 천을 말하며 선택된 테이블클로스에 따라 전체적인 테이블 세팅의 분위기가 결정된다. 테이블클로스의 종류로는 테이블 전체를 덮는 오버클로스와 그 밑에 깔리는 언더클로스가 있다. 원래 언더클로스는 접시를 식탁에 올릴 때 소리가 나거나 미끄러지는 것을 방지할 목적으로 사용됐으나 요즈음은 미적인 면이 보다 강조되는 추세이다. 일반적으로 오버클로스는 메인으로 파티 컨셉에 맞는 다양한 프린트와 색상, 질감의 천을 사용하고 언더클로스는 이에 어울리는 단색의 천을 깔아 조화를 꾀한다. 이 때 둘 다 화려한 천을 사용하면 산만해지기 쉽고, 둘 다 차분한 단색을 사용하면 단조로운 느낌을 줄 수 있다.

■ 러너 러너란 테이블을 가로지르는 폭이 좁고 긴 천을 말한다. 테이블클로스 위에 겹쳐 깔거나 테이블 자체의 무늬나 색이 좋을 때는 그냥 테이블 위에 바로 깔기도 한다. 그러나 매트와 함께 사용하면 답답해 보이므로 피하도록 한다. 러너의 길이는 테이블클로스 보다 30~40cm 더 내려 오는 길이가 적당하다.

■ 매트 매트란 테이블에서 개인별 공간을 정해주는 천을 뜻한다. 꼭 천뿐만이 아니라 나무, 플라스틱, 한지, 큰 잎 등을 다양하게 사용할 수 있다. 하지만 정찬일 경우에는 매트를 사용하지 않는다. 사이즈는 보통 45X30cm 정도의 크기가 적당하다.

■ 냅킨 냅킨은 식사하는 동안 무릎에 펴 두어 음식이 옷에 떨어지거나 흐르는 것을 막아주고 식사 후에는 입과 손끝을 닦아주는 역할을 하는 천을 말한다. 모양내어 접거나 냅킨 링과 같이 사용하면 장식적인 효과도 제공한다. 정찬이 아닌 캐주얼한 파티에서는 종이 냅킨이 많이 쓰인다. 천 냅킨을 쓸 때는 실용성을 고려해 닦았을 때 흡수가 쉽고 세탁이 편한 천을 선택하는 것이 좋다.

테이블 웨어

테이블 웨어란 상차림에 사용되는 접시, 밥그릇, 국그릇, 종지, 볼, 컵, 잔과 같은 음식을 담고 집는 모든 식기 종류와 스푼, 포크 등과 같은 모든 집기류를 뜻한다.

■ 크로커리 테이블 웨어 중 식기를 크로커리Crockery라고 한다.

①텀블러
②칵테일글라스
③텀블러
④칵테일글라스
⑤텀블러
⑥텀블러
⑦레드와인글라스
⑧스파클링와인글라스
⑨필스너
⑩텀블러
⑪화이트와인글라스

접시는 지름에 따라 서비스 접시, 메인 접시, 사이드 접시로 나뉜다.

· **서비스 접시**_지름 28~35cm로 뷔페에서 카나페, 쿠키 같은 많은 양의 음식을 담거나 메인 접시 받침으로 사용한다. 몇 개 갖추고 있으면 여러모로 쓰기 좋은 접시이다.
· **메인 접시**_저녁 정찬용 25~27cm와 점심 정찬용 23~24cm의 두 가지 사이즈가 있으며 메인 음식을 담는 접시이다.
· **사이드 접시**_20cm 내외로 샐러드, 디저트를 담거나 개인 접시로 많이 사용한다.

■ 글라스 웨어 글라스 웨어란 유리로 된 모든 잔 종류를 말하며 음료의 종류와 잔의 모양에 따라 물 잔, 와인 잔, 칵테일 잔 등으로 세세하게 나뉘어 진다.

· **스템 웨어**_가늘고 긴 손잡이가 있는 잔 ▶레드 와인 글라스는 잔이 크고 넓으며 입구가 좁고 안쪽으로 갈수록 넓어지는 형태의 잔이다. 와인 글라스는 스템이 길어야 와인의 온도를 제대로 느낄수 있다. 일반 유리보다는 얇게 만들어 질 수 있는 크리스털이 좋지만 가격도 비싸고 잘 깨지기 때문에 취급할 때 주의를 요한다. ▶화이트 와인 글라스는 레드 와인 잔 보다 좀 더 작은 형태의 잔이다. ▶스파클링 와인 글라스는 거품을 오랫동안 유지할 수 있도록 입구가 좁고 긴 형태의 잔을 사용하며 보통 플루트 Flute라고 한다. ▶칵테일 글라스는 칵테일용 깔대기 형태의 잔이 일반적이며 칵테일의 성격에 따라 모양이 각각 다르다. ▶브랜디 글라스는 몸체가 넓고 입구가 좁으며 스템 부분이 짧은 튤립 형태의 낮은 잔이다.
· **텀블러**_위 아래가 비슷하거나 아래로 갈수록 약간 좁아지는 모양을 지닌 일자형 글라스 ▶텀블러 글라스는 위 아래가 비슷하고 길이가 다소 짧은 글라스이다. ▶필스너는 길고 좁은 형태의 맥주용 글라스를 말한다.

■ 커트러리 스푼, 포크, 나이프, 젓가락 등 식탁 위에서 음식을 먹기 위해 사용되는 모든 도구이다. 상차림과 메뉴에 따라 어울리는 커트러리를 준비한다.

· **스푼**_테이블 스푼, 수프 스푼, 아이스크림 스푼, 티스푼 등
· **포크**_테이블 포크, 생선 포크, 디저트 포크, 달팽이 요리 포크 등
· **나이프**_스테이크 나이프, 생선 나이프, 디저트 나이프 등
· **기타**_카빙 나이프와 포크, 서빙 스푼, 케이크 서버, 버터 스프레더, 슈거 집게 등

센터피스

센터피스란 말 그대로 테이블 중간에 올라가는 장식물을 뜻한다. 보통 센터피스는 꽃 장식이라 생각하지만 꽃뿐 아니라 과일, 야채, 초 등 테이블을 장식할 수 있는 것이라면 무엇이라도 가능하다. 센터피스로 꽃을 사용할 경우에는 향이 지나치게 강하지 않은 것을 고른다. 향이 강한 꽃은 식사에 방해가 되기 때문이다. 또 앉아서 식사를 하는 경우 센터피스 높이는 앞 사람과의 대화에 방해가 되지 않도록 낮게 장식한다.
(센터피스 만드는 법 190p 참조)

파티 업그레이딩 party up-grading

큰 파티든 작은 모임이든 사람들이 모여 있는 자리라면 언제나 상대방에 대한 배려가 필요하다. 이런 배려들이 모여 하나의 규칙을 이룬 것이 매너라고 생각하면 된다.

아무리 멋진 파티라도 서로 매너를 지키지 않는다면 진정으로 즐거운 파티가 될 수 없다. 파티의 품격을 높이고 자신의 품위를 높일 수 있는 매너에 대해 알아보도록 하자.

컨셉 맞추기

파티에 초대를 받았다면 초대된 파티의 컨셉에 맞추는 것이 바람직하다. 기본적인 드레스 코드는 물론이고 기분이나 이야기거리도 미리 생각해 가야 본인도 파티를 기분좋게 즐길 수 있다. 특히, 드레스 코드를 지키지 않는다면 다른 이들도 겸연쩍고 본인도 민망한 기분을 느껴 분위기가 깨지기 십상이다. 혼자 배회하거나 너무 튀려 하지 말고 사람들과 둥글게 어울리는 것이 호스트에 대한 예의이다. 호스트나 파티 코디네이터도 결정해 놓은 파티 컨셉에 최대한 어울리도록 음식과 스타일링, 음악이나 놀거리를 준비해야 한다.

시간 지키기

여러 사람이 한꺼번에 모여야 시작이 원활하기 때문에 시간 엄수는 필수이다. 너무 일찍 파티 장소에 도착하면 주최자측에서 불편해 할 수 있다. 시작뿐만 아니라 끝나는 시간에 맞춰 돌아 오는 것도 중요하다. 정해진 시각이 있으면 그 시각에서 15분 내외로 자리를 뜨는 것이 좋다. 늦게까지 남아 파티 진행자의 일을 지연시키면 곤란하다.

술, 담배

적당한 음주는 즐거운 파티 기분을 조성하지만 지나친 음주로 인해 취한 상태가 되면 파티 전체 분위기를 흐리게 된다. 특히 술을 마시고 문제를 일으킨다면 호스트에 대한 예의가 아니다.

근래에는 대부분의 실내 공간이 금연이기 때문에 담배를 원할 때는 반드시 흡연 구역을 찾아 해결한다. 집으로 초대받았을 경우는 집주인에게 양해를 구하거나 미리 물어 흡연 장소를 파악해 놓는다. 정원이나 마당이 있는 가정에서도 재와 꽁초 처리를 깨끗이 하는 것이 매너이다.

식사

음식이 서빙되었을 때, 고마움을 표시한다. 오랫동안 음식을 준비한 사람에 대한 예의이며 파티 분위기도 좋아진다. 양이 적거나 음식에 불만이나 문제가 있다면 호스트나 코디네이터에게 살짝 귀뜸해 주어 다른 이들을 동요시키지 않도록 한다. 뷔페 스타일로 음식이 서빙될 때, 혼자 너무 많은 음식을 담으면 다른 사람들의 음식이 부족할 수 있다. 더구나 음식이 개인 접시에 남게 되면 손실이 크다. 아예 뷔페 상차림 앞에 서서 식사를 하는 일은 절대 없어야 한다.

호스트에 대한 배려

가정에서 이뤄지는 홈파티에서는 그곳 주인의 사생활을 침해하지 않도록 주의한다. 특히 침실은 사적인 공간이므로 허락 없이 들어간다든가 물건을 마구 꺼내보지 않는다.

파티가 끝난 후 정리를 도와주는 것은 좋지만 호스트가 피곤하여 정리를 다음날로 미룰 수 있으니 미리 물어 의향을 살핀다.

크로크 룸

크로크 룸이란 파티 장소에서 코트나 자켓, 백 등의 물건을 맡기는 곳을 의미한다. 일반 가정에서는 대부분 방 하나를 대신하여 사용하는 것이 보편적이지만 초대자 인원이 너무 많으면 옷과 악세서리가 섞이거나 심지어 분실되는 경우도 발생한다. 가장 좋은 방법은 집주인이 옷장 한켠을 비워 오시는 손님마다 옷을 받아 넣어 주고 귀가하시는 분들이 다시 필요로 할 때 전달해 주는 것이다. 하지만 친인척이나 친한 친구들 사이에서는 편하게 의자나 모자 걸이 등을 이용한다.

비오는 날이라면 현관에서 가까운 곳에 우산을 받아 넣을 수 있는 통을 마련해 두고 작은 수건도 챙겨 낸다.

감사의 표시

호스트나 게스트 모두 서로에게 감사의 표시를 하도록 한다. 진심어린 말과 함께 가벼운 선물은 서로의 기분을 향상시킨다. 초대를 받은 사람은 음식에 맞는 술이나 음료 혹은 후식 등을 챙겨 가서 함께 나눠 먹는 것도 좋다. 파티에 사용할 음악이 담긴 테이프나 CD도 훌륭한 선물이 된다.

호스트는 예쁘게 만든 메뉴판에 메시지를 넣어 손님들이 돌아 가는 길에 읽고 추억에 남도록 해도 좋고 폴라로이드 카메라를 이용해 파티에서의 장면을 담아 봉투에 넣어 주는 것도 센스 있는 선물이다. 데커레이션으로 사용했던 꽃이나 쿠키, 케이크 등을 미리 포장해 전하는 것도 감동적이다. 감사 선물에 간략하게 마음을 담은 글을 함께 전달한다면 더욱 더 인상깊은 파티로 기억될 것이다.

와인 서빙 순서 >>

wine을 마시는 순서는 일반적으로 다음과 같다.

white wine ▶ red
light ▶ heavy
young ▶ old
dry ▶ sweet
simple ▶ fine and complex

음식과 와인 food and wine

술과 파티는 뗄레야 뗄 수 없는 사이인데, 특히 술 가운데서도 와인을 제공하는 파티가 많다. 우리에게 아직 익숙하지 않은 와인의 용어와 서빙 순서, 음식과의 궁합을 간단히 살펴보자.

와인의 기초

■ 지역

· 올드월드 Old World_프랑스, 이태리, 독일, 스페인과 같은 유럽
· 뉴월드 New World_호주, 뉴질랜드, 칠레, 미국, 남아 공화국 같은 신세계

■ 맛

· 드라이 Dry_달지 않고 산도가 많이 느껴지는 와인
· 스위트 Sweet_당도가 높아 새콤 달콤하거나 단 와인

■ 바디

· 헤비 Heavy_묵직한 느낌이 입 안에서 느껴지는 와인
· 미디엄 Medium_가장 일반적인 와인
· 라이트 Light_탄닌이 거의 없는 가벼운 느낌의 와인

와인과 음식의 조화

■ 무게감 Weight 음식의 재료, 조리 방식, 소스에 따라 무게감이 다르기 때문에 무거운 느낌이 들면 묵직한 느낌의 와인을, 가벼우면 가벼운 느낌의 와인을 선택한다. 같은 닭고기라 하더라도 백숙처럼 소스가 없이 가벼운 느낌이면 화이트 와인을, 닭매운찜이나 서양식 스튜처럼 소스가 들어가는 양념이 강한 요리는 레드 와인을 곁들인다.

■ 향의 깊이 Intensity 무게감 다음으로 중요한 것이 바로 향의 깊이이다. 태국식 샐러드는 가벼운 무게감을 지녔지만 소스가 진하고 허브와 향신료가 많이 들어가 강하기 때문에 가벼우면서도 향기가 풍부한 와인을 선택하여 매칭시킨다.

■ 산도 Acidity 식초나 감귤류 등 산이 많은 소스를 사용한 요리라면 와인도 산도가 있는 것을 골라야 와인 맛이 밍밍하게 느껴지지 않는다. 기름기가 많은 식재료는 주로 산이 많이 들어 있는 소스를 사용하므로 이럴 때도 산도가 있는 와인이 좋다.

■ 소금기 Saltiness 짠 음식은 어느 정도 당도가 있는 와인을 선택해야 입 안의 짠기를 없애고 맛있게 즐길 수 있다. 그래서 대부분의 짭짜름한 치즈들은 새콤달콤한 화이트 와인과 궁합이 더 잘 맞는다.

■ 당도 Sweetness 디저트류처럼 당도가 높은 음식들은 디저트 와인과 잘 어울린다. 디저트가 아닌 음식이라도 탕수육처럼 소스가 달 때는 새콤달콤한 세미 스위트 와인을 함께 마신다.

■ 탄닌 Tannin 탄닌이 많은 레드 와인은 생선이나 달걀 같은 비린내가 나는 음식을 더욱 부추겨 역효과를 내므로 주의해서 선별하여야 한다.

계절별 파티를 위한 이미지

소품 허브, 새싹 야채류 등 그린 소재를 이용한 이미지 연출 컬러 그린, 화이트, 오렌지 꽃 개나리, 백합, 카네이션, 달맞이꽃, 라넌큘러스, 튤립, 작약 과일 딸기, 버찌 식재료 냉이, 쑥, 달래 등 봄나물

그린을 주제로 새싹처럼 생기넘치는 파릇한 이미지 연출

spring

소품 투명 접시, 얼음, 구슬, 조개 껍질, 소라, 작은 배, 자갈, 그물, 비키니 수영복, 마린룩, 노방처럼 얇거나 마처럼 거친 소재의 천 등을 이용한 이미지 연출 컬러 블루, 화이트 꽃 장미, 수국, 연꽃, 해바라기 과일 수박, 참외, 토마토, 살구, 자두, 복숭아, 산딸기, 매실, 포도 식재료 애호박, 가지, 부추

블루와 투명 유리를 소재로 여름 바닷가의 시원한 이미지 연출

summer

추수가 시작된 가을 들판을 닮은 넉넉한 이미지 연출

autumn

소품 낙엽, 나무리스, 밤톨, 옥수수, 수수단 등의 소재, 단풍잎, 초, 허수아비, 들꽃 한 다발 등을 이용한 가을 이미지 연출 컬러 브라운, 베이지, 와인색 꽃 수수, 갈대, 코스모스, 국화, 맨드라미, 루메부추, 용담 과일 대추, 무화과, 석류, 홍옥 식재료 밤, 늙은 호박, 더덕, 전어, 갈치, 고등어, 꽁치, 꽃게, 미더덕

winter

새하얀 눈 속에 초, 트리 등을 장식해 따뜻한 이미지 연출

소품 인공 눈, 눈 결정 모형, 눈사람, 초, 긴 양말, 트리, 오너먼트, 크리스마스 쿠키 등을 이용한 크리스마스 이미지 연출 컬러 레드, 화이트, 그린, 퍼플, 금색, 은색 꽃 호랑가시 나무, 망개 열매, 수선화, 동백 과일 사과, 모과, 귤 식재료 굴, 호두, 가자미, 병어, 오징어, 홍합

main dish

"A crust eaten in peace is better than a banquet partaken in anxiety"

이솝 Aesop

"걱정을 하며 파티 성찬을 즐기기 보다는 근심 없이 빵 껍질을 먹는 것이 훨씬 낫다." 는
이솝의 심오한 인용구를 떠올리며 이 레시피들이 독자들의 평화로운 성찬에 도움이 되시길 ......

마늘 요거트 콩 샐러드

garlic yoghurt bean salad*

다양한 종류의 콩 500g
병아리콩, 강낭콩, 완두콩, 옥수수캔 등
당근 50g
양파 50g
적양배추 50g
플레인 요거트 2개
머스터드 소스 2t
계핏가루 1t
레몬즙 2t
소금, 흰후추, 파슬리 약간

고소하면서도 색감이 고운 영양만점 샐러드. 생콩을 삶아 만드는 과정이 번거롭다면 시판되는 캔제품을 사용하여 쉽게 만들 수 있다. 포만감을 주어 식사 대용으로도 손색이 없을 뿐 아니라 칼로리가 낮아 다이어트를 하는 여성들에게 인기만점이다.

Tip* 병아리콩은 칙피 chick pea라고 불리우며 지중해와 중동 지역에서 많이 쓰이는 재료이다. 병아리콩을 구하기 어려울 때는 손쉽게 구할 수 있는 다른 콩들로 대체한다.* 계핏가루는 연하고 부드러운 맛의 외국 제품을 쓰는 것이 좋다.

Tag*
집들이, 브런치, 퓨전, 삶기, 컵,
가벼운 레드와인, 화이트 와인

병아리 콩

조리 시간_20분, 서빙_20인분

1 통조림콩은 체에 밭쳐 놓는다. 생콩을 사용할 경우 소금물에 푹 삶아 체에 밭쳐 놓는다.

2 당근과 양파는 0.5x0.5cm로 썬다. 이때 양파는 5분간 물에 담궈 매운 맛을 뺀 후 체에 밭쳐 물기를 제거한다.

3 양배추는 심을 제거하고 양파, 당근과 같은 크기로 썬다.

4 물기를 제거한 콩에 썰어 둔 채소를 넣고 플레인 요거트, 머스터드 소스, 레몬즙, 계핏가루, 소금, 흰후추를 넣어 간을 한다.

5 파슬리를 곱게 다져 위를 장식한다.

mini caesar salad tartlet*

시저 샐러드 타르트렛

샐러드를 미니 타르트렛에 담아 한입에 쏙 들어가는 작고 귀여운 샐러드를 만들었다. 안초비가 곁들여져 아삭아삭한 맛과 함께 짭조름한 맛이 입맛을 살려 준다.

타르트렛 20개 | **로메인레터스** 5장 | **안초비** 2마리
파르마산 치즈(강판에 간 것) 1T | **덩어리 파르마산 치즈** 약간 | **블랙올리브** 5개
드레싱 : **마요네즈** 2T | **레몬즙** 1t | **우스터 소스** 1t

Tip* 프랑스식 파이를 타르트라고 하는데 한입 크기의 작은 사이즈를 타르트렛이라고 한다. 제과제빵 재료상에서 완제품 상태의 타르트렛을 15개에 4000원 정도의 가격으로 구입할 수 있다.* 안초비는 지중해에서 주로 잡히는 멸치류의 생선. 소금에 절여서 머리와 뼈를 제거하고 올리브오일에 담갔다.* 우스터 소스는 색과 농도가 간장과 비슷해서 간장대용으로 사용할 수 있는데 고기의 누린내를 없애 주고 육질을 부드럽게 해 준다.

Tag*
송년파티, 와인파티,
브런치, 유럽식,
오븐 조리, 까나페,
화이트 와인, 칵테일,
스파클링 와인

안초비와 타르트렛

조리 시간_20분, 서빙_20개

1 로메인레터스는 깨끗이 씻어 물기를 제거하고 3x3cm 정도로 잘게 뜯는다. 로메인레터스 대신 상추를 써도 된다.

2 마요네즈에 레몬즙과 우스터 소스를 넣어 잘 섞는다.

3 안초비는 잘게 다져 놓고 블랙올리브도 얇게 슬라이스한다. 안초비를 구할 수 없다면 멸치액젓을 조금 넣어도 좋다.

4 파르마산 치즈 덩어리는 갈아 둔다. 시판되는 파르마산 치즈 가루를 써도 좋다.

5 로메인레터스, 안초비, 파르마산 치즈 가루에 ②의 드레싱을 넣어 잘 섞는다.

6 타르트렛에 한입 크기씩 얹어 낸다.

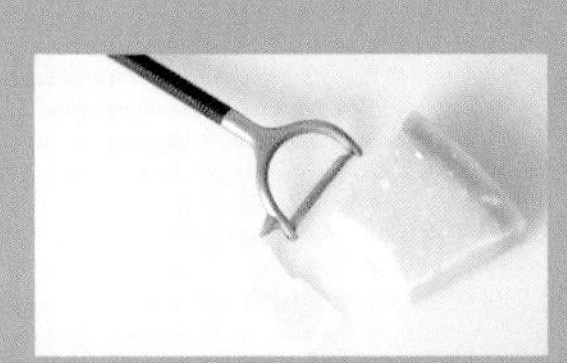

7 필러를 이용해서 덩어리 파르마산 치즈를 큼직하게 떠내 블랙올리브와 함께 타르트렛 위에 얹어 모양을 내 준다.

게살 에그넷
crabmeat egg net*

달걀 2개
낱개 포장된 크래미 10개
꿀 1T
다진 땅콩 2T
깻잎 10장

게살 에그넷은 노란 그물 모양에 게살의 달콤함과 깻잎의 향긋함, 달걀의 고소함이 잘 어우러지는 핑거푸드로 젊은 층과 어린이들에게 인기가 좋다. 에그넷은 동남아 요리에 쓰이는 달걀 지단으로 특히 볶음밥을 싸낼 때 유용하다.

Tip* 원래 본토에서는 에그넷을 만드는 전용 기구가 있지만 작은 소스병이나 플라스틱통을 이용해서도 쉽게 만들 수 있다. 병원에서 주는 물약병을 이용하면 편리하다.* 에그넷은 10 x 10cm 정도로 부치면 적당하다. 팬에서는 뒤집지 말고 10초 정도만 부친다. 에그넷을 바로 말지 않을 때에는 금방 수분이 마르므로 젖은 키친타올로 덮어 두도록 한다.

Tag*
집들이, 브런치, 와인파티, 동남아시아식,
봄, 가을, 겨울, 해산물, 굽기, 롤, 화이트 와인,
스파클링 와인, 정종 및 동양술

소스병에 넣은 달걀물

조리 시간_30분, 서빙_20개

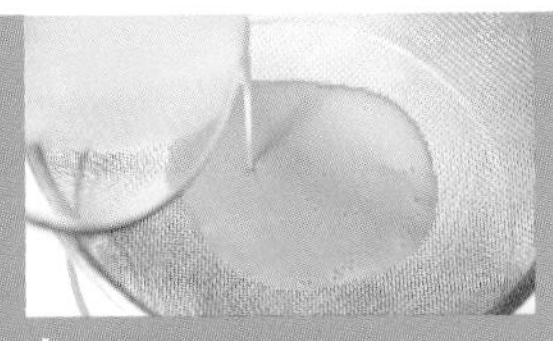

1 달걀을 잘 풀어서 체에 두 번 이상 내려 둔다. 달걀 물을 체에 여러 번 내릴수록 매끄럽게 부쳐진다.

2 크래미를 잘게 찢어 다진 땅콩과 꿀을 넣어 잘 섞는다.

3 깻잎은 깨끗이 씻어서 반으로 가른 뒤 심을 제거한다. 심을 그대로 두면 깔끔하게 말아지지 않는다.

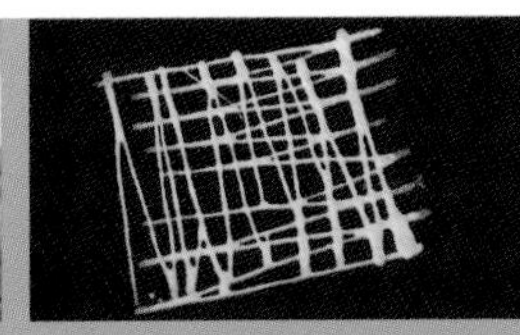

4 달걀 푼 물을 작은 소스병에 담고, 프라이팬을 약불에서 달군 뒤 달걀을 그물처럼 뿌려 에그넷을 만든다.

5 부쳐 낸 에그넷에 반으로 자른 깻잎을 얹고 양념한 크래미를 올려 작은 스틱 모양으로 말아 낸다.

안심 편채 롤

pan-fried beef roll*

소고기 안심(또는 채끝살) 200g
당근, 무순, 대파 각각 50g씩
파프리카, 깻잎 각각 50g씩
찹쌀가루 1/2C
청주 1T
소금, 후추 약간
겨자장:
연겨자 2T
식초 3T | **설탕** 3T
간장 1t | **소금** 1t
다진 마늘 1/2t

한식 고급 애피타이저. 손이 많이 가서 조금 번거로울 수도 있지만 고급스러운 파티를 원한다면 추천하고 싶은 요리이다.

Tip* 연겨자는 이미 발효된 상태의 페이스트로 조리시 편리하게 사용할 수 있다.* 겨자를 직접 발효하려면 겨자 가루와 물을 같은 양으로 개어서 김이 오르는 냄비 뚜껑에 엎어 놓고 20분 정도 두면 된다. 발효된 겨자를 사용할 경우에는 매운맛이 강하므로 분량을 반으로 줄여서 사용한다.

연겨자

Tag*
송년파티, 와인파티, 집들이, 한식, 육류, 지지기, 랩, 레드 와인, 정종 및 동양술

조리 시간_35분, 서빙_20개

1 당근, 대파, 파프리카, 깻잎은 5cm 길이로 가늘게 채 썰고 무순은 깨끗이 씻어 준비한다.

2 소고기는 편채용으로 0.2~0.3cm 정도 슬라이스된 것으로 준비해서 청주, 소금, 후추에 살짝 재워 둔다.

3 고기 앞뒤로 찹쌀가루를 묻혀 살짝 털어 준 후 기름을 두른 팬에 앞뒤로 지져 낸다.

4 익혀 낸 고기에 채 썬 채소를 넣어 말아 낸다.

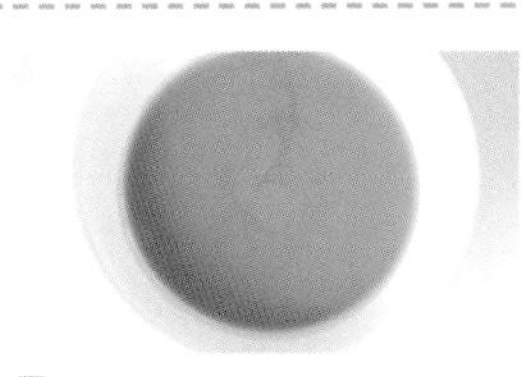
5 분량대로 겨자장을 만들어 고기와 함께 곁들여 낸다.

크림 치즈 연어 롤
smoked salmon roulade*

훈제 연어 200g
오이 1개
색색의 파프리카 100g
크림 치즈 200g
소금, 후추, 딜 약간

부드럽고 진한 맛의 크림 치즈가 훈제 연어와 잘 어울리는 요리로 애피타이저나 술안주에 좋은 아이템이다. 미리 만들어 냉장고에 넣어 두었다가 사용할 수 있어 편리하다.

Tip* 딜은 산뜻한 향기와 함께 뒷맛은 살짝 맵게 느껴지는 허브이다. 생선이나 해산물에 특히 잘 어울린다.

Tag*
송년파티, 와인파티, 유럽식, 봄, 가을, 겨울, 해산물, 치즈, 롤, 화이트 와인, 스파클링 와인, 탄산 음료, 칵테일, 양주류

딜

조리 시간_40분, 서빙_20개

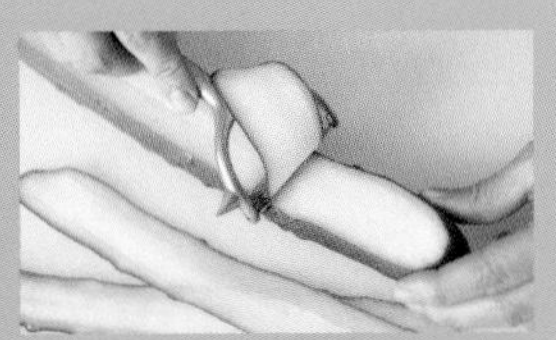

1 오이는 필러를 이용하여 길게 잘라 길이로 2등분한 후 소금을 뿌려 숨을 살짝 죽인다. 씨 부분은 물러서 쓰지 않는다.

2 연어는 6x3cm 정도로 얇게 슬라이스한다. 슬라이스된 연어를 구입하면 편리하게 이용할 수 있다.

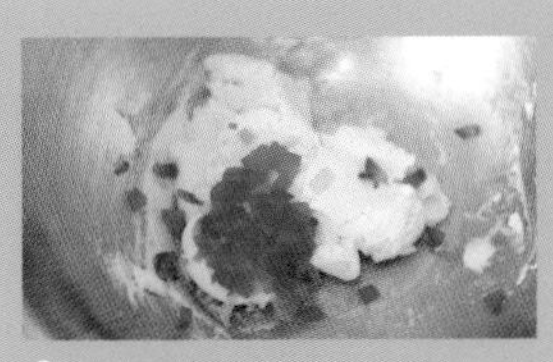

3 파프리카는 0.5x0.5cm로 자른 후 실온에 두어 부드러워진 크림 치즈와 잘 섞어 준다. 빨강, 노랑, 초록, 주황 등 다양한 색의 파프리카가 섞이는 것이 예쁘다.

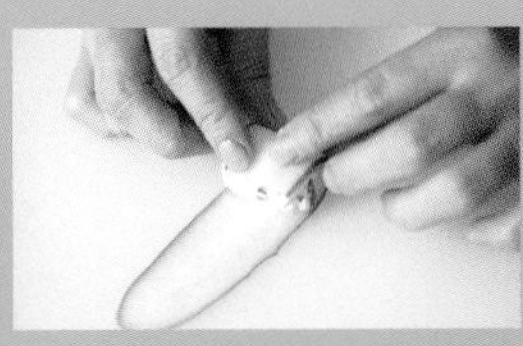

4 오이에 ③을 1t씩 올려 말아 준다.

5 ④의 오이를 슬라이스한 연어 위에 놓고 다시 한번 말아 준 후 딜로 장식한다.

치킨 & 야채 베이컨 말이
roasted vegetables & chicken wrapped with bacon *

베이컨 15줄
닭안심 5줄
아스파라거스 5개
피망 1/2개
새송이 버섯 1/2개
청주 1T | **소금, 후추** 약간
소스 :
디종 머스터드 4T
마요네즈 4T
레몬즙 1T

닭고기와 색색의 야채를 베이컨으로 말아 낸 요리로 닭고기와 야채 본연의 맛에 짭조름한 베이컨이 어우러져 맛이 좋다. 와인이나 맥주에 잘 어울린다.

Tip * 프랑스 디종 지방에서 나오는 디종 머스터드는 약간 연한 노란색을 띠는 부드러우면서 강한 매운 맛을 내는 겨자이다. 각종 드레싱이나 고기의 소스, 샌드위치 스프레드 등에 이용된다. * 굵거나 오래된 아스파라거스는 필러로 얇게 껍질을 벗기고 사용한다.

Tag *
브런치, 와인파티, 맥주파티, 키즈파티, 유럽식, 육류, 오븐 조리, 굽기, 롤, 가벼운 레드 와인, 화이트 와인, 양주류, 정종 및 동양술, 탄산 음료

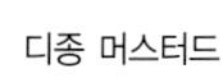
디종 머스터드

조리 시간_40분, 서빙_30개, 오븐 온도_200℃

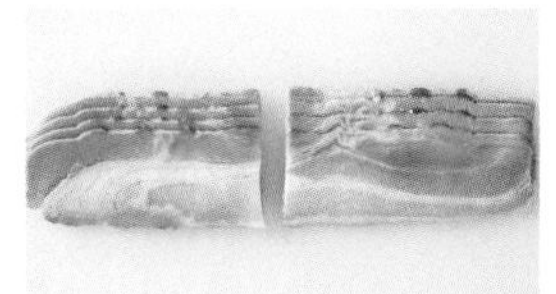

1 베이컨은 길이의 반으로 자른다.

2 아스파라거스는 깨끗이 씻어 준비하고 새송이 버섯과 피망도 깨끗이 씻어 아스파라거스와 같은 굵기의 스틱 모양으로 썬다.

3 닭안심은 길게 2등분해 청주, 소금, 후추에 10분간 재워 둔다.

4 각각의 재료 가운데 부분을 베이컨으로 말아 200℃로 예열한 오븐에 넣어 15분간 구워 낸다.

5 디종 머스터드와 마요네즈, 레몬즙을 잘 섞어 소스를 만들어 준비한 후 구워진 베이컨 말이와 함께 서빙한다.

게살을 넣은 딤섬 튀김
fried crab meat dimsum*

춘권피 20장
게살 200g
새우 100g
양파 50g
대파 흰부분 50g
소금, 흰후추 약간
실파 20대

바삭바삭한 춘권을 한입 깨물면 게살과 새우의 부드러움이 입 안 가득 느껴지는 고소한 맛의 딤섬이다.

Tag*
집들이, 송년파티, 와인파티, 키즈파티, 중식, 동남아시아식, 해산물, 튀기기, 볼, 화이트 와인, 스파클링 와인, 라거 맥주, 탄산 음료, 정종 및 동양술

조리 시간_40분, 서빙_20개

1 게살과 새우는 굵직하게 다진다.

2 양파와 대파는 곱게 다져서 ①의 게살, 새우 다진 것과 섞은 뒤 소금, 후추로 간한다.

3 춘권피에 ②를 넣고 보자기 모양으로 잡아 준 뒤 실파로 묶는다.

4 튀김 팬에 식용유를 붓고 180℃ 온도에서 바삭하게 튀겨 낸다.

오징어 야채 꼬치

spicy cuttlefish & vegetable on skewer*

오징어 2마리
알감자 20개
애호박 1개
고추장 양념장 :
고추장 6T | **물엿** 2T
마늘 1t | **간장** 2T
참기름 2t
고춧가루 2T

한식의 오징어 볶음을 먹기 편하도록 꼬치에 꽂아 낸 요리로 조리법이 익숙해서 만들기가 쉽고 집에 있는 다른 야채로도 변형이 가능하다. 재료에 감자가 있어서 하나만 먹어도 속이 든든해 메인 메뉴로도 손색이 없다.

Tip* 오징어 껍질은 끝부분에 칼집을 살짝 넣은 다음 소금을 묻혀 잡거나 키친타월을 이용해 잡아당기면 손이 미끄럽지 않아 쉽게 벗길 수 있다.* 애호박은 꼬치에 꽂을 때 부러지지 않을 정도로만 삶는 것이 중요하다.

Tag*
집들이, 맥주파티, 한식, 가을, 겨울,
해산물, 굽기, 오븐 조리, 꼬치, 가벼운 레드 와인,
무거운 화이트 와인, 라거 맥주, 탄산 음료, 정종 및 동양술

조리 시간_35분, 서빙_20개, 오븐 온도_200℃

1 오징어는 배를 가르지 않고 내장을 제거해 껍질을 벗긴 후 깨끗이 씻어 1.5cm 너비의 링 모양으로 자른다. 다리는 2~3개로 짝지어 자른다.

2 알감자는 끓는물에 넣어 5분 정도 겉만 살짝 익을 정도로 삶는다.

3 애호박은 0.8cm 두께의 원형으로 슬라이스한 후 끓는 물에 소금을 조금 넣고 숨이 살짝 죽을 정도로만 데쳐 낸다.

4 양념장 재료를 모두 섞어 놓는다. 양념장을 전날 만들어 냉장고에 넣었다 사용하면 편리하다.

5 물에 적신 꼬치에 알감자, 오징어, 애호박 순으로 꽂아 양념을 고루 발라 200℃로 예열한 오븐에서 10~15분 정도 구워 낸다.

chilli prawn skewer*

칠리 새우 꼬치

조리법이 간단해서 쉽게 도전해 볼 만한 파티요리. 매콤하면서도 탱탱하게 씹히는 새우의 식감이 맥주파티와 잘 어울린다.

중하 60마리

고추장 양념장 : **고추장** 3t | **고춧가루** 5t | **핫소스** 1t | **칠리 소스** 6t | **두반장** 3t | **물엿** 5t

Tip* 두반장은 누에콩으로 만든 된장에 고추와 향신료를 넣은 것으로 독특한 매운맛과 향기가 난다. 콩 알갱이가 남아 있는 것을 두반장이라 하며 마파두부 등의 사천 요리에 많이 쓰인다.* 칠리 소스는 붉게 익은 칠리를 써서 매운맛이 나는 소스로 음식에 자극적인 맛을 더해 준다. 볶음 요리, 토마토베이스 소스의 파스타, 찍어 먹는 소스 등에 두루 이용된다.* 새우를 데칠 때는 물 속에서 식혀서 껍질을 벗겨야 새우의 색이 예쁘고 살도 깔끔하다.

Tag*

집들이, 와인파티, 맥주파티, 퓨전, 해산물, 데치기, 꼬치, 화이트 와인, 라거 맥주, 탄산 음료, 정종 및 동양술

두반장과 칠리 소스

조리 시간_25분, 서빙_20개

1 이쑤시개를 이용하여 내장을 제거한다.

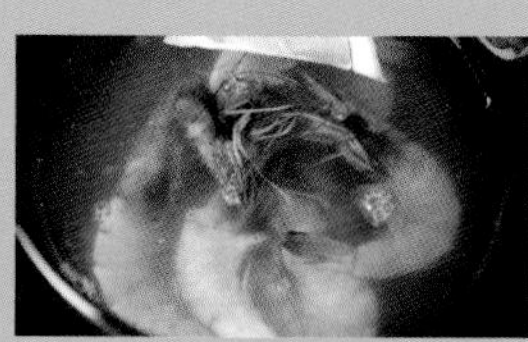

2 새우는 끓는 물에 익혀 내어 식힌 다음 꼬리부분만 남기고 껍질을 제거한다.

3 고추장 양념장 재료를 모두 넣어 섞어 둔다.

4 익혀 낸 새우에 꼬리에서 머리 쪽으로 꼬치를 넣어 고정시킨다. 크기에 따라 2~3개씩 꽂아 낸다.

5 새우 꼬치에 양념장을 고루 바른다.

야채 & 베이컨 꼬치

roast vegetables & bacon skewer *

베이컨 100g
색색의 파프리카 1개 반 분량
양파, 애호박, 가지 1/2개씩
새송이 버섯 2개
드레싱 :
올리브오일 60ml
발사믹 식초 20ml
다진 마늘 1t
소금, 갈아 낸 통후추 약간

야채와 베이컨을 작은 사이즈로 잘라 꽂아 한입에 여러 가지의 맛을 느낄 수 있는 꼬치 요리. 다양한 색깔의 야채를 이용하면 좋다.

Tip * 애호박, 가지, 새송이를 2등분이나 4등분하고 양파, 베이컨도 같은 사이즈로 잘라 사용하면 한입 크기의 야채& 베이컨 꼬치를 만들 수 있다.

Tag *
브런치, 와인파티, 키즈파티, 퓨전, 굽기, 꼬치,
모든 와인, 양주류

조리 시간_40분, 서빙_20개, 오븐 온도_180℃

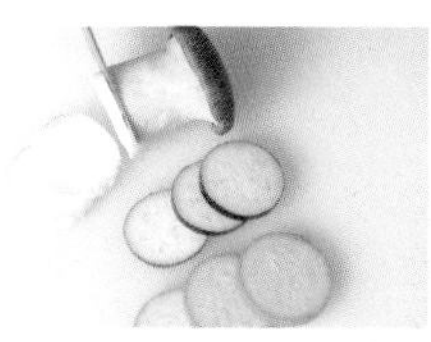

1 애호박, 가지, 새송이는 0.5cm 두께의 원형으로 슬라이스한다.

2 베이컨과 양파, 파프리카도 같은 크기로 잘라 준비한다. 파프리카는 모양 틀을 이용하면 예쁘고 쉽게 여러 가지 모양을 연출할 수 있다.

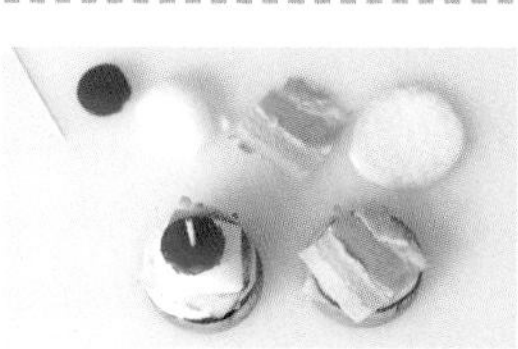

3 애호박▸베이컨▸새송이▸베이컨▸가지▸베이컨▸양파▸베이컨▸파프리카 순으로 올리고 작은 꼬치를 꽂아 준다.

4 180℃로 예열된 오븐에서 20분간 구워낸다.

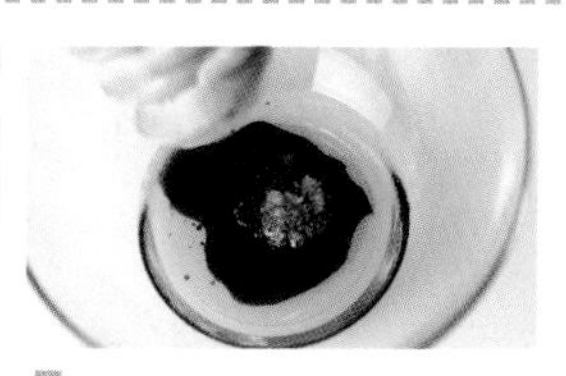

5 드레싱 재료를 모두 섞어 서빙 직전에 얹어 낸다. 통후추 가는 기구가 없으면 시판되는 분말 후추를 사용한다.

egg
& caviar on crouton*
달걀 & 캐비어 카나페

바삭한 크루통과 달걀의 부드러움, 캐비어의 톡톡 터지는 신선함이 조화를 이루는 카나페로 만들기도 쉽고 모양도 예쁘다. 와인파티의 메뉴로 곁들이면 좋다.

달걀 4개 | **캐비어** 4t | **양파** 100g | **식빵** 5장 | **소금, 식용유** 약간

Tip * 캐비어는 철갑상어의 알을 소금에 절인 것으로 세계 3대 진미로 불린다. * 벨루가 Beluga : 알의 크기는 지름 3~4mm이고 가장 비싼 캐비어이다. * 오세트라 Osseetra : 알의 크기는 지름 3mm 정도의 갈색이며, 너트류의 맛이 난다. * 세브루가 Sevruga : 알의 크기는 2.5mm 정도이고 검은색이다. 하지만 캐비어는 상당한 고가이기에 럼프 피쉬알 혹은 날치알을 비롯한 다른 생선알을 이용해도 좋다.

Tag*

송년파티, 브런치,
와인파티, 맥주파티, 퓨전,
봄, 가을, 겨울,
삶기, 카나페, 스파클링 와인,
양주류, 화이트 와인, 에일 맥주,
탄산 음료

캐비어

조리 시간_30분, 서빙_20개

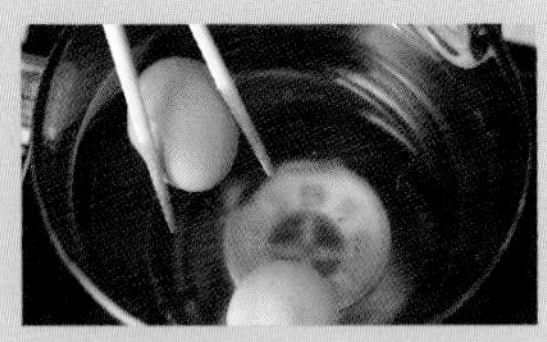

1 달걀은 끓기 직전까지 굴려 가면서 삶아 노른자가 가운데로 오게 한다.

2 둥근 링 모양의 틀을 이용해 식빵 1개당 4개를 찍어낸다. 모양 틀이 없을 경우에는 껍질 부분을 자르고 4조각 낸다.

3 양파는 곱게 다져 찬물에 5분 정도 담궈서 매운맛을 제거한 후 물기를 제거한다.

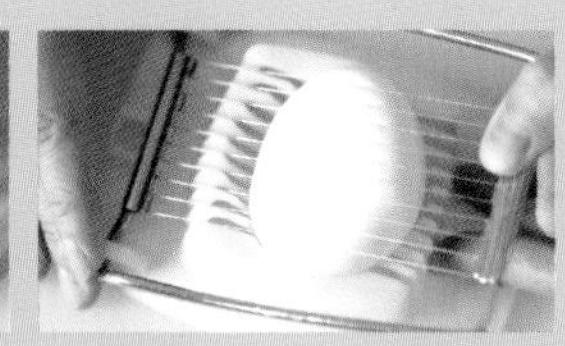

4 삶은 달걀은 충분히 식힌 후 달걀 커터기로 슬라이스해 놓는다.

5 팬에 식용유를 두른 후 기름이 뜨거워지면 식빵을 노릇노릇하게 튀겨 크루통을 만든다.

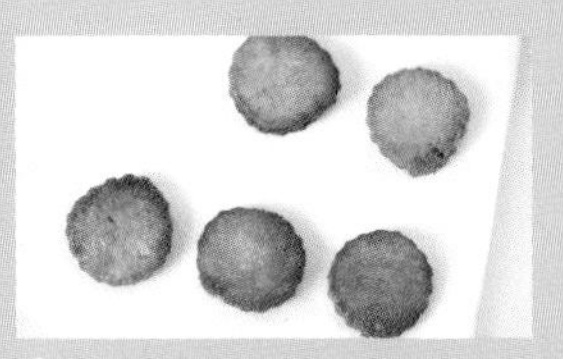

6 식빵이 튀겨지면 키친타월로 기름을 제거하고 소금을 살짝 뿌려 놓는다.

7 크루통 위에 달걀 슬라이스를 얹고 캐비어로 예쁘게 장식해 다진 양파와 함께 서빙한다.

칠리 콘 카르네 브루스케타
chilli con carne bruschetta*

바게트 작은 것 1개
다진 소고기 200g
다진 양파 100g
키드니 빈 300g
홀토마토 200g
토마토 페이스트 2t
우스터 소스 1t
고춧가루 2t
소금, 후추 약간

칠리 콘 카르네는 라틴계 사람들이 즐겨 먹는 요리로 칠리의 매콤함이 우리 입맛에 잘 맞는다. 토르티야와 곁들여 내도 좋다. 만든 당일보다 하루쯤 지나면 맛이 더 좋으며 영양소가 고루 들어 있어 훌륭한 한 끼 식사가 될 수 있다.

Tip* 홀토마토는 생토마토 껍질을 벗겨 익혀서 국물과 함께 통에 담은 것으로 토마토의 맛을 가장 잘 느낄 수 있으며, 생토마토보다 깊은 맛을 낼 수 있다.* 토마토 페이스트는 홀토마토를 졸여서 농축시킨 것으로 색과 향이 강하다. 둘 다 백화점, 대형 할인마트나 수입 식재료 전문점에서 구입 가능하다.* 키드니 빈은 강낭콩을 조리해서 통조림에 넣은 것으로 대형 마트나 수입 식재료점에서 구입 가능하다.

홀토마토와
토마토 페이스트

Tag*
브런치, 와인파티, 멕시코식, 끓이기,
카나페, 레드 와인, 라거 맥주, 탄산 음료, 양주류

조리 시간_30분, 서빙_20개

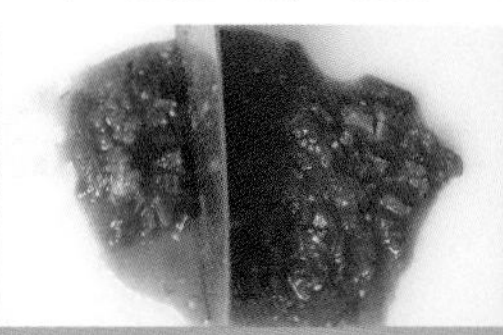
1 홀토마토는 다져 놓는다.

2 냄비에 기름을 두르고 다진 양파를 볶는다.

3 여기에 다진 소고기를 넣고 볶다가 키드니 빈을 넣는다.

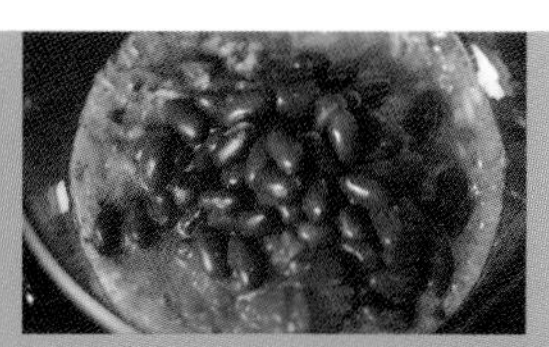
4 여기에 ①을 넣어 끓이다가 고춧가루, 소금, 후추, 우스터 소스로 간하여 칠리 콘 카르네를 만든다.

5 1cm 정도로 슬라이스한 바게트 위에 조리된 칠리 콘 카르네를 1t씩 얹어 낸다.

roast beef on crouton *

로스트 비프 카나페

고급스러운 요리지만 간단한 조리법으로 손쉽게 만들 수 있다. 로스트비프는 카나페 외에도 구운 채소를 곁들인 스테이크나 샌드위치로도 응용이 가능하다. 시원한 맥주 한 잔과 곁들이면 금상첨화.

소고기 등심 200g | **올리브오일** 5T
소금 통후추 약간 | **로즈마리** 1줄기 | **오레가노** 1줄기 | **월계수잎** 2장 | **식빵** 5장
홀스래디쉬 소스 : **홀스래디쉬** 5T | **마요네즈** 5T

Tip * 로즈마리는 보통 잎을 그대로 쓰거나 말린 잎을 사용한다. 말린 잎은 대부분 육류 요리에서 쓰이는데, 특히 돼지고기 요리를 할 때 누린내를 없애기 위해 사용된다. * 오레가노는 파스타나 피자 등에 넣는 토마토 소스와 치즈, 생선, 육류 등의 요리와 궁합이 잘 맞으며 생잎 보다는 말린 것이 향이 더 강하다. * 월계수잎은 수프, 스튜, 고기, 채소 요리 등에 광범위하게 사용된다. 건조된 것은 달고 독특한 향이 있어서 서양 요리에 널리 쓰인다.

Tag *
집들이, 송년파티, 브런치,
유럽식, 육류, 오븐 조리,
카나페, 레드 와인,

조리 시간_50분, 서빙_20개, 오븐 온도_180℃

1 식빵은 테두리를 자르고 4등분한 후 올리브오일을 식빵 양면에 고루 발라 180℃로 예열한 오븐에서 10분간 구워 낸다.

2 소고기 등심은 덩어리로 준비해서 올리브오일, 소금, 통후추 간 것, 로즈마리, 오레가노, 월계수잎을 골고루 뿌려 20분간 재워 놓는다.

3 실로 단단하게 묶어 모양을 잡아 준 뒤 200℃로 예열한 오븐에서 25~30분간 구워 낸다.

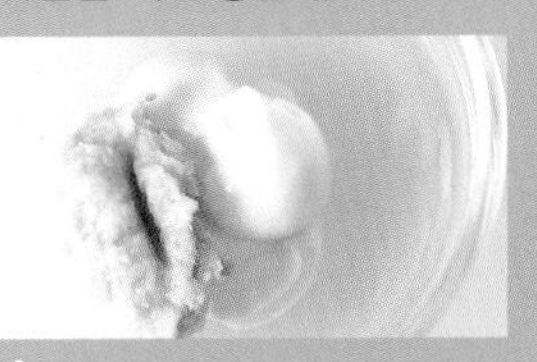

4 홀스래디쉬와 마요네즈를 잘 섞어 소스를 만든다.

5 구워낸 로스트비프를 0.5cm 두께로 슬라이스한 후 4등분한 식빵 크기로 자른다.

6 구워낸 식빵에 로스트비프를 올리고 홀스래디쉬 소스를 얹어 낸다.

치즈를 곁들인 나초와 살사 소스

nacho with mexican salsa*

나초 칩 20개
소프트 치즈 200g
모차렐라, 브리, 까망베르 등
토마토 200g | **고수** 10g
청양고추(피망) 100g
양파 60g | **붉은 양파** 60g
살사 소스:
올리브오일 4T | **라임즙** 2T
레몬즙 2T | **소금, 후추** 약간

살사는 스페인어로 '소스'라는 뜻이며, 멕시칸 살사 소스는 잘게 썬 토마토에 양파, 고추, 고수 등을 넣어 만든 것이다. 고추의 매운 맛이 싫다면 피망으로 대체해도 좋고 기호에 따라 고수의 양은 조절 가능하다.

Tip* 까망베르 치즈는 아주 부드럽고 고소한 맛이 일품인 치즈로 치즈 초보자도 쉽게 도전해볼 만한 치즈이다.* 나초는 옥수수 가루로 만든 토르티야를 굽거나 튀긴 스낵으로 멕시코나 미국 남부에서 많이 사용한다.

Tag*
피크닉, 맥주파티, 멕시코식, 치즈, 데치기,
카나페, 라거 맥주, 탄산 음료, 칵테일, 주스

까망베르 치즈

조리 시간_20분, 서빙_20개

1 토마토는 끓는 물에 살짝 데쳐서 껍질을 벗기고 씨 부분을 제거한 뒤 0.5x0.5cm로 자른다.

2 청양고추와 양파도 0.5x0.5cm로 자른다. 고수도 0.5cm로 자른다.

3 자른 토마토, 청양고추, 양파, 고수에 드레싱 재료를 넣어 고루 섞어 살사 소스를 만든다.

4 나초 칩 위에 작게 썬 까망베르 치즈를 올린 후 살사 소스를 얹어 낸다.

salmon mousse on cheese shortbread*

치즈 쇼트브레드 위에 얹은 연어 무스

여성들에게 인기가 많은 연어를 치즈 향이 진한 쇼트브레드 위에 얹어낸 요리. 먹기 좋고 모양도 예뻐서 와인과 함께 하는 여러 종류의 파티에 활용하기 좋은 아이템이다.

쇼트브래드 20개 | **훈제연어** 300g | **파프리카(빨강,노랑,초록)** 200g
사워크림 4T | **홀스래디쉬** 2T | **소금, 후추** 약간
파르마산 치즈 쇼트브레드: **지름 3.5cm 커터** | **중력분** 60g
소금 약간 | **고춧가루** 1/2t | **버터** 45g | **파르마산 치즈 가루** 60g

Tip* 사워크림은 생크림을 발효시켜 만든 새콤한 맛이 나는 크림으로 생크림보다 걸쭉하다. 멕시코 음식이나 샐러드, 빵, 과자의 재료로 쓰거나 구운 감자에 얹어 먹기도 한다.* 홀스래디쉬는 서양식 고추냉이로 마처럼 생긴 뿌리 식물을 갈아 놓은 것이다. 주로 소고기나 훈제생선과 곁들여 먹는다.

Tag*
송년파티, 와인파티, 유럽식,
가을, 겨울, 카나페,
해산물, 오븐 조리, 화이트 와인,
스파클링 와인, 탄산 음료

홀스래디쉬와 사워크림

조리 시간_50분(쇼트 브레드 포함), 서빙_20개, 오븐 온도_180℃

1 훈제 연어는 해동시킨 후 0.5x0.5cm로 썬다.

2 빨강, 노랑, 초록색의 파프리카 역시 0.5x0.5cm로 썬다.

3 훈제 연어, 파프리카, 사워크림, 홀스래디쉬를 모두 넣고 잘 섞어 소금, 후추로 간 한다.

4 치즈 쇼트브래드 위에 ③을 올린다.

파르마산 치즈 쇼트브레드

1 중력분, 소금, 고춧가루, 파르마산 치즈 가루를 모두 체에 친다.
2 체에 친 가루와 나머지 재료를 모두 넣고 믹서나 푸드프로세서에서 30초 정도 간다.
3 테이블 위에 ②의 반죽을 놓고 두께가 0.5cm정도 되게 밀어 지름 3.5cm 커터로 찍는다.
4 오븐 팬에 커터로 찍은 반죽을 2cm 간격으로 벌려 놓고 냉장고에 넣어 30분 정도 둔다.
5 냉장고에서 꺼낸 반죽을 180℃로 예열한 오븐에서 8~10분 동안 황금색을 띨 때까지 굽는다.

seafood bruschetta*

해산물 브루스케타

상큼한 야채와 쫄깃하게 씹히는 해산물이 입맛을 돋우어 주어 애피타이저로 이용하기에 좋은 요리이다. 바게트에 색색의 야채와 해산물을 얹어 내어 식감을 자극하기에 충분하다.

바게트 작은 것 1개 | **오징어** 1마리 | **새우** 100g | **조갯살** 100g | **방울토마토** 200g
적양파 50g | **청, 홍 피망 섞어서** 50g | **차이브** 20g
드레싱 : **올리브오일** 3T | **화이트 와인 식초** 1T | **소금, 후추** 약간

Tip * 이태리어로 브루스케타는 '석탄으로 구워진' 이라는 뜻이다. 불에 구운 빵을 마늘이나 정향으로 문지른 후 소금, 후추를 뿌리고 치즈나 야채 등의 토핑을 올려 먹는다. * 마리네이드는 해산물이나 육류를 밑간이나 양념에 재워 두는 방법이다. * 차이브 대신 영양부추나 실파를 쓰거나, 없으면 생략해도 된다.

Tag *

브런치, 와인파티, 유럽식,

봄, 가을, 겨울,

해산물,

데치기, 굽기,

까나페, 화이트 와인, 탄산 음료,

양주류

조리 시간_45분, 서빙_20개, 오븐 온도_200℃

1 오징어는 껍질을 벗겨 1x1cm로 썰고 새우는 껍질과 내장을 제거한다. 칵테일새우를 사용하면 껍질과 내장을 제거하지 않아도 된다.

2 끓는물에 소금을 넣고 해산물을 데쳐낸다.

3 방울토마토는 칼집을 살짝 넣어 끓는물에 살짝 데쳤다가 찬물에 건져서 껍질을 제거하고 8등분한다.

4 붉은 양파와 피망도 1x1cm로 썰어 준비한다.

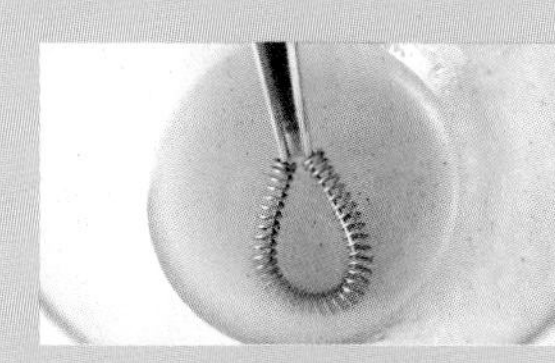

5 드레싱 재료를 섞는다.

6 드레싱에 해산물과 야채를 넣어 재워둔다.

7 바게트는 작은 것으로 준비해 1cm 두께로 썰어 200℃로 예열한 오븐에서 10분간 굽거나, 그릴에서 바삭하게 구워 낸다.

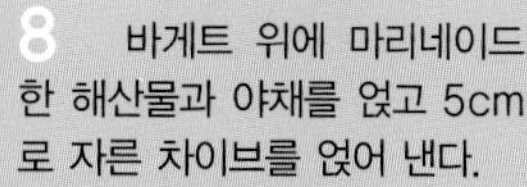

8 바게트 위에 마리네이드한 해산물과 야채를 얹고 5cm로 자른 차이브를 얹어 낸다.

캐비어를 얹은 미니 감자컵

potato cup with caviar & sourcream*

미니 감자 20개
사워 크림 4T
캐비어 2T
차이브(혹은 실파) 약간

감자 위에 사워크림과 캐비어를 얹어 낸 요리로 부드럽고 담백한 감자가 새콤한 사워크림과 잘 어울린다. 짭잘한 캐비어가 톡톡 터지는 즐거움이 있다. 애피타이저로 이용하면 좋다

Tip* 차이브는 실파와 비슷하게 생긴 허브의 한 종류로, 톡쏘는 독특한 향이 있어 식욕을 증진시키는 효과가 있다. 고기요리, 생선요리, 조개, 수프 등 각종 요리의 향신료로 사용된다. 차이브는 선이 예쁘기 때문에 푸드 스타일링에 종종 사용된다.

Tag*
송년파티, 브런치, 와인파티, 유럽식, 봄, 가을, 겨울, 삶기, 컵, 화이트 와인, 스파클링 와인, 탄산 음료, 칵테일

조리 시간_25분, 서빙_20개

1 미니 감자는 깨끗이 씻어 김이 오른 찜통에 껍질 째로 넣어 15분간 쪄낸다.

2 충분히 식은 후 세워질 수 있도록 양 끝을 약간 자르고 2등분한다.

3 짤주머니를 이용해 감자 위에 사워크림을 짜 올린다.

4 캐비어와 짧게 자른 차이브를 얹어 낸다. 차이브 대신 실파나 영양부추를 사용해도 된다.

japanese jjirasi rice*

찌라시 스시

찌라시 스시는 배합초로 간한 밥에 야채, 생선 등의 다양한 재료를 넣은 일식 덮밥이다. 투명한 용기에 1인분씩 담아내면 파티 요리로도 활용이 가능하다.

싱싱한 제철 생선회 200g | **새우** 200g | **당근, 영양부추, 오이, 무순** 각각 100g씩
달걀 2개 | **밥** 800g | **배합초** 5T
배합초 5T 재료 : **식초** 8T | **설탕** 4T | **소금** 1/2T | **레몬즙** 약간
폰즈 소스 : **다시마물** 1/4C | **간장** 1/4C | **맛술** 1/4C | **식초** 1/4C
레몬즙 1/8C | **설탕** 1과 1/2T | **무즙** 1/4C

Tip* 폰즈 소스는 간장, 식초, 맛술 등을 배합한 간장 식초 소스로 매실액을 첨가하기도 한다. 샤브샤브, 튀김, 샐러드 소스 등에 사용된다.

Tag*
집들이, 브런치, 일식, 퓨전,
봄, 가을, 겨울,
해산물, 컵,
가벼운 화이트 와인, 정종 및 동양술

조리 시간_40분, 서빙_20개

1 생선회는 얇게 뜬 걸로 준비하고 새우는 끓는 물에 데쳐서 껍질을 벗긴다.

2 당근과 오이는 4cm 길이로 가늘게 채 썰고 무순과 영양부추는 4cm 길이로 잘라놓는다.

3 달걀은 흰자, 노른자를 분리해 지단을 부쳐내고 식혀서 4cm 길이로 가늘게 채 썬다.

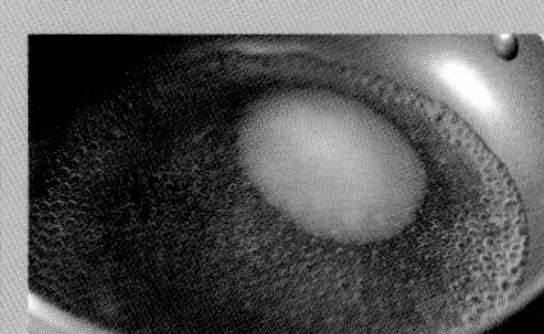

4 배합초 재료를 섞어 냄비에 넣고 설탕이 녹을 정도로만 살짝 끓여서 식혀 둔다.

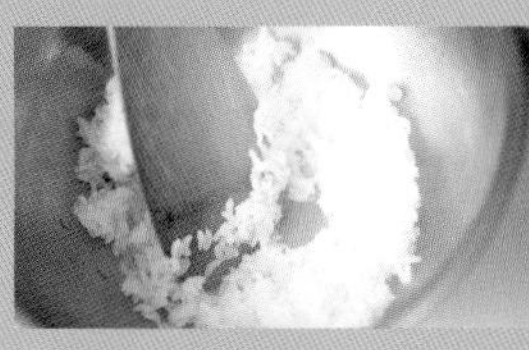

5 고슬고슬하게 지은 따뜻한 밥을 넓은 그릇에 담고 준비된 배합초를 끼얹은 다음 나무주걱으로 뒤적이면서 부채질을 해 빨리 식힌다.

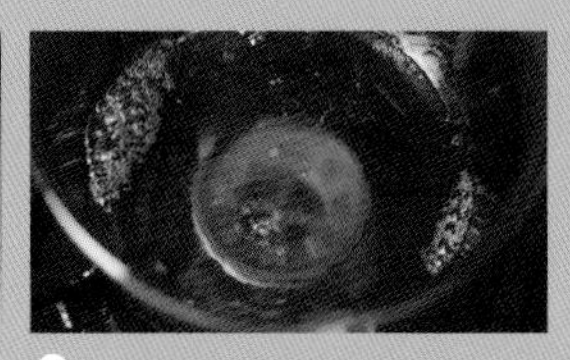

6 폰즈 소스를 만든다.

5 양념한 밥에 생선과 야채를 고루 올리고 먹기 직전에 폰즈 소스를 얹어 낸다.

marinated fruit sushi*

장아찌 과일 스시

자두, 천도복숭아, 파인애플, 오렌지, 키위 등의 과일을 장아찌처럼 절여 밥 위에 얹은 비타민 만점의 초밥 요리. 새콤, 달콤, 짭짜름한 맛의 과일 장아찌와 초밥이 조화를 이루는 색다른 스시이다.

계절 과일 (파인애플, 키위, 오렌지, 자두, 천도복숭아, 사과 등) 합쳐서 300g
밥 300g | **배합초** 2T
과일 양념장 : **간장** 1/2C | **물** 1/2C | **식초** 1/2C | **설탕** 2T
배합초 2T 재료 : **식초** 4T | **설탕** 2T | **소금** 1t | **레몬즙** 약간

Tip* 과일은 제철에 나는 것으로 2~3가지 정도 준비하면 좋다. 단맛이 나는 과일이 장아찌 양념장에 잘 어울린다. 짭짤한 맛이 싫다면 생과일을 그대로 이용해도 좋다.

Tag*
집들이, 브런치, 키즈파티, 퓨전,
화이트 와인,
탄산 음료, 주스

조리 시간_25분, 서빙_20개

1 과일 양념장 재료를 모두 섞어서 냄비에 넣고 설탕이 녹을 정도만 살짝 끓여서 식혀 둔다.

2 과일은 초밥에 올리기 적당한 크기(2x5cm)로 썰어 미리 만들어둔 과일 양념장에 10분간 재운다.

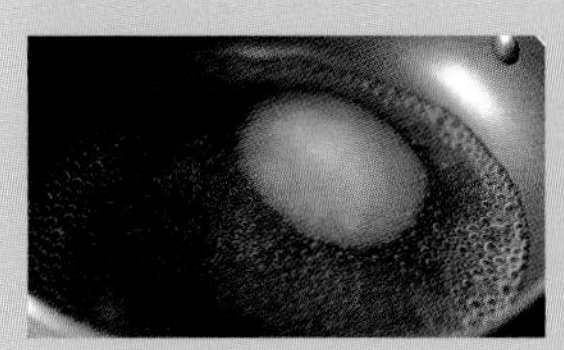

3 배합초에 들어가는 식초, 설탕, 소금과 약간의 레몬즙을 냄비에 넣고 설탕이 녹을 정도만 살짝 끓여서 식혀 둔다.

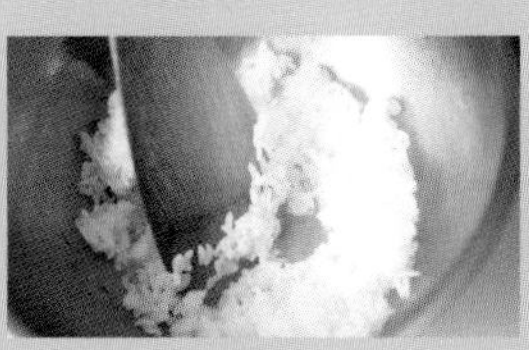

4 고슬고슬하게 지은 따뜻한 밥을 넓은 그릇에 담고 준비된 배합초를 끼얹은 다음 나무 주걱으로 뒤적이면서 부채질을 해 빨리 식힌다.

5 손에 소금물을 발라가며 초밥을 1인분씩 떼어 내 둥글게 뭉친다.

6 왼손에 과일을 놓고 오른손의 초밥을 쥔 다음 과일 위에 올려놓고 뒤집어 모양을 만든다.

cabbage rice roll*

양배추 볶음밥 롤

단맛이 배어나오는 아삭아삭한 양배추와 고소한 볶음밥이 잘 어울리는 요리로 식사대용으로 내놓으면 좋은 메뉴이다.

양배추 20장 | **밥** 300g | **당근** 30g | **양파** 30g | **청피망, 홍피망** 30g씩
다진 소고기 50g | **소금, 후추, 식용유** 약간

Tip* 양배추 외에도 쌈의 재료는 호박잎, 머위잎, 깻잎, 케일, 다시마, 신김치 등이 있다. 쌈 야채를 기호에 맞게 이용하거나 2~3가지의 모듬 쌈밥을 만들어 내도 좋다.

Tag*
집들이, 한식, 찌기, 볶기,
탄산 음료, 정종 및 동양술

조리 시간_50분, 서빙_20개

1 양배추는 깨끗이 씻어 한 잎씩 떼어낸 후 심을 제거하고 찜통에서 20분간 쪄 10x10cm 정도로 자른다. 전자레인지를 사용할 때는 랩으로 씌워 6분 정도 돌리면 된다.

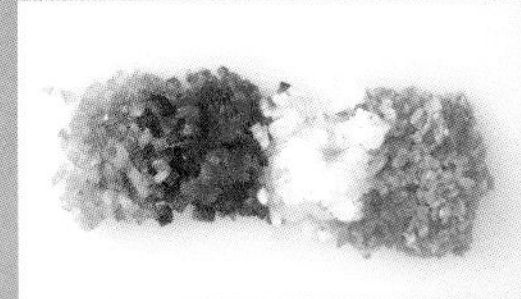

2 당근, 양파, 청, 홍 피망은 0.5x0.5cm로 썬다.

3 팬에 식용유를 두르고 다진 소고기를 볶다가 썰어 둔 야채를 넣고 함께 볶는다.

4 밥을 넣고 볶다가 소금, 후추로 간을 한다. 실제 간보다 조금 더 짭짜름하게 간을 해야 양배추와 함께 먹어도 싱겁지 않다.

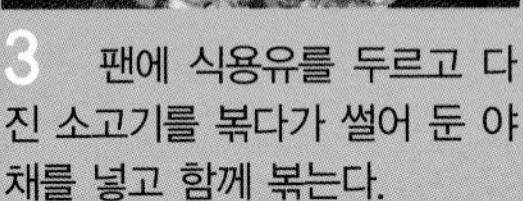

5 볶음밥이 식으면 손으로 쥐어 5cm 길이의 스틱 모양으로 만든다.

6 손질해 둔 양배추에 스틱 모양의 볶음밥을 올리고 말아 낸다.

피넛 버터 쿠키
peanut butter cookie*

코코넛 플레이크 100g
프링글스 70g
땅콩 버터 50g
연유 100g
코코넛 밀크 50g

땅콩 버터와 코코넛 향이 어우러져 그 고소한 향기만으로도 행복해지는 쿠키이다. 동남아시아 풍의 디저트면서 유럽적인 느낌도 주는 영양 만점 간식이다.

Tip* 피넛 버터 쿠키에 들어가는 감자칩은 바삭하면서 다른 양념이나 향이 없는 플레인 맛을 사용해야 한다. 굽기 전 코코넛 가루를 뿌려주면 좀 더 먹음직스러운 쿠키를 만들 수 있다.
* 시중에서 살 수 있는 땅콩 버터는 크런치와 크리미 두 가지 종류가 있는데 쿠키에는 크런치라고 써있는 제품을 사용한다. 이 둘의 차이점은 땅콩이 갈린 정도인데, 땅콩이 반쯤 갈려 씹히는 맛이 나는 것이 크런치이고, 완전히 갈려 있는 제품이 크리미이다.

Tag*
브런치, 티파티, 키즈파티, 유럽식, 쿠키, 오븐 조리,
디저트 와인, 주스, 티, 칵테일

조리 시간_1시간, 서빙_30개, 오븐 온도_180℃

1 오븐을 180℃로 예열해 놓는다.

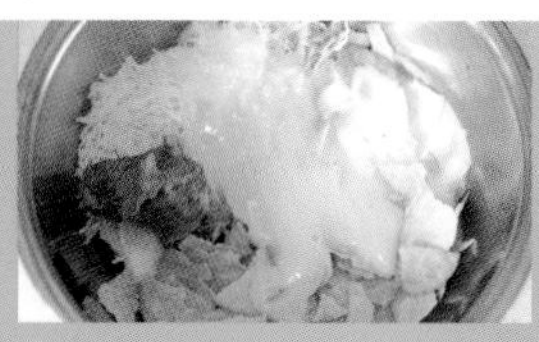

2 코코넛 플레이크에 잘게 부순 프링글스를 넣고 땅콩 버터, 연유, 코코넛 밀크를 넣은 후 골고루 섞어 준다.

3 스푼을 이용해 지름 3cm 정도로 떼어 팬에 담은 후 예열한 오븐에서 10분간 구워 준다.

chocochip cookie*

초코칩 쿠키

전세계에서 가장 인기 있는 쿠키라 해도 과언이 아니다. 남녀노소 누구나 좋아하는 이 쿠키는 달콤하면서도 톡톡 씹히는 초콜릿 칩이 그 인기의 비결이다.

버터 250g | **설탕** 225g (황설탕 150g, 흰설탕 75g)
달걀 2개 | **바닐라 향** 1t | **중력분 밀가루** 320g | **베이킹소다** 1/2t
쵸코릿 칩 semisweet chocolate chip 2C
잘게 부순 호두 또는 피칸, 아몬드 슬라이스 또는 헤이즐넛 1과 1/2C

Tip* 초콜릿은 카카오 함량이 높을수록 진한 맛이 나고 순도가 높다. 보통 카카오 함량이 70% 이상 되는 순도 높은 초콜릿을 사용해야 향이 좋고 진한 디저트가 만들어진다. 한꺼번에 반죽을 만들어 놓고 냉동고에서 보관을 하다가 필요할 때마다 떼어서 사용해도 간편하다.* 초콜릿 쿠키 반죽은 되기 때문에 유산지에 반죽을 떠 놓았을 때는 작은 볼처럼 볼록하지만 구우면 평평해지면서 쿠키 모양이 나온다.

Tag*
브런치, 피크닉, 키즈파티, 티파티,
유럽식, 쿠키, 오븐 조리,
디저트 와인, 주스,
티, 칵테일

조리 시간_1시간, 서빙_60개, 오븐 온도_180℃

1 오븐은 180℃로 미리 예열해 놓고, 밀가루, 베이킹소다는 함께 체에 쳐 놓는다.

2 실온에 두었던 버터에 설탕을 2~3회 나누어 넣어가며 부드럽게 될 때까지 핸드믹서를 이용해 섞어 준다.

3 달걀을 넣고 핸드믹서를 이용해 가볍게 부풀 때까지 섞어준 후 바닐라 향을 넣고 한번 더 섞어 준다.

4 체에 쳐 둔 가루를 넣고 주걱을 이용해 반죽이 뭉치지 않게 골고루 섞는다.

5 초콜릿 칩과 잘게 부순 견과류를 넣고 골고루 섞어 준다.

6 스푼을 이용하여 유산지를 깐 판에 간격이 2~3센티 정도 되도록 놓는다. 예열한 오븐에서 쿠키가 황금색을 띨 때까지 10분간 구워 준다.

까페 라떼 치즈케이크
cafe latte cheesecake*

크림 치즈 450g
설탕 90g
달걀 큰 것 2개
진한 에스프레소 커피 1잔
또는 진하게 탄 블랙 커피 30ml
다이제스티브 쿠키 170g

부드럽고 맛있는 우유를 넣은 커피가 치즈와 함께 케이크로 탄생했다. 홍차나 진한 에스프레소 커피와 잘 어울린다. 쿠키로 만든 크러스트의 고소하고 바삭한 맛과 더불어 은은한 커피 향의 치즈 필링이 로맨스를 전달해 준다.

Tip* 크러스트는 짭짜름한 느낌이 나는 쿠키를 사용하는 것이 이 케이크의 맛을 한층 돋운다. 이 때는 반드시 쿠키를 미세하게 부수어 버터와 잘 섞어 평평하게 만들어야 모양이 균일하게 된다. 그리고 일반 크림 치즈대신 마스카포네 크림 치즈를 쓰면 더욱 맛있는 치즈케이크가 된다. * 마스카포네 치즈는 이태리의 대표적인 크림 치즈인데 이 치즈로 만든 유명한 디저트로는 티라미수가 있다. 첨가되는 커피는 여러 가지를 이용할 수 있지만 진하게 뽑은 에스프레소를 이용한다면 더욱 향이 뛰어난 치즈케이크를 맛볼 수 있다.

Tag*
티파티, 와인파티, 유럽식, 케이크, 오븐 조리, 디저트 와인, 주스, 티, 칵테일

조리 시간_1시간, 서빙_8인분, 오븐 온도_180℃

1 오븐을 180℃로 예열해 놓고 다이제스티브는 잘게 부수어 놓는다.

2 잘게 부순 다이제스티브에 실온에 놓아 둔 버터를 살짝 섞어 크러스트를 만든 후, 케이크 틀에 꾹꾹 눌러 담는다.

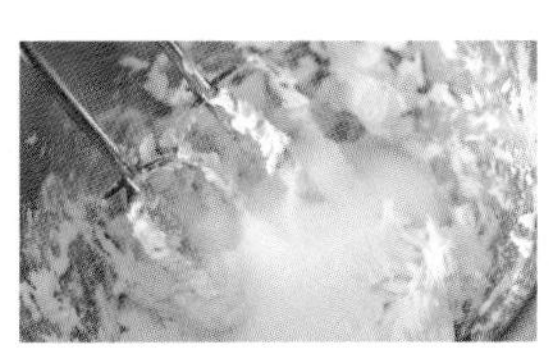

3 크림 치즈를 볼에 넣고 핸드믹서를 이용해 부드럽게 만든 후, 설탕을 넣고 섞어준다.

4 ③에 달걀과 커피를 넣고 골고루 섞은 후, 케이크 틀 속 크러스트 위에 붓는다.

5 예열한 오븐에서 40분 정도 구워 식힌 후, 냉장고에서 3시간 이상 굳힌다.

오렌지 풀

orange fool*

오렌지 2개
생크림 290ml
슈거파우더 2T

아직도 귀족이 있는 영국에서는 고급 사교 클럽들이 많다. 오렌지 풀은 그 중 한 클럽의 디저트 담당 쉐프가 개발한 상큼하면서도 만들기 쉬운 푸딩이다. 식사 후 신선한 향미를 남겨주기 때문에 여성들 사이에 인기있는 디저트이다. 만들기도 편하고 모양도 예뻐서 한여름을 제외하고는 파티 음식에 잘 어울린다.

Tip* 오렌지 풀을 만들 때는 휘핑을 알맞게 해야 거품이 갈라지거나 가라앉는 것을 방지할 수 있다. 거품기로 휘핑한 크림을 거품기로 찍어 올려 살짝 흔들었을 때 떨어지지 않고 흔들거리며 붙어 있는 상태가 적당하다.* 제스트는 오렌지의 껍질 부분을 얇게 갈아 낸 것을 말한다.

Tag*
브런치, 티파티, 키즈파티, 유럽식, 봄, 가을, 겨울,
푸딩, 디저트 와인, 티, 주스

조리 시간_1시간, 서빙_4인분

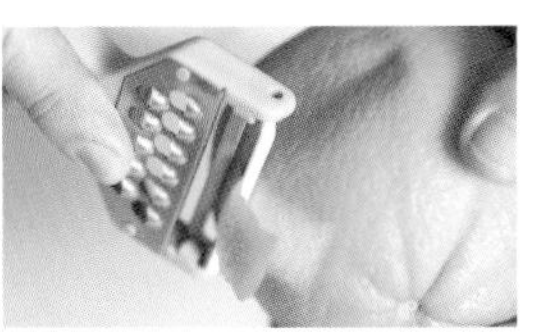

1 장식용 오렌지 껍질을 만든다. 필러를 이용해 오렌지 껍질을 얇고 길게 벗겨 칼로 바늘처럼 얇게 잘라 3cm 정도로 만든다. 끓는 물에 5분간 담궜다가 찬물에 헹궈 말려 놓는다.

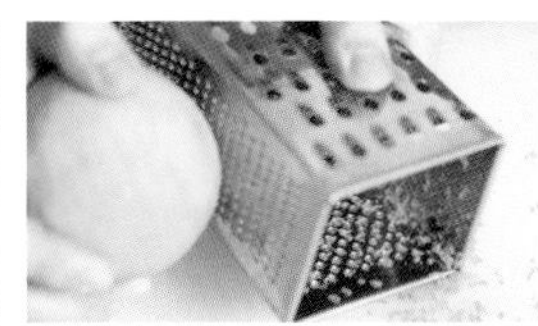

2 나머지 오렌지 한 개의 껍질은 강판에 갈아 제스트를 만든다.

3 ①, ②에서 껍질을 벗긴 2개의 오렌지를 반으로 갈라 즙을 내 놓는다.

4 생크림을 단단하게 휘핑한 것에 제스트와 오렌지 즙, 슈거파우더를 넣고 한데 섞어준다.

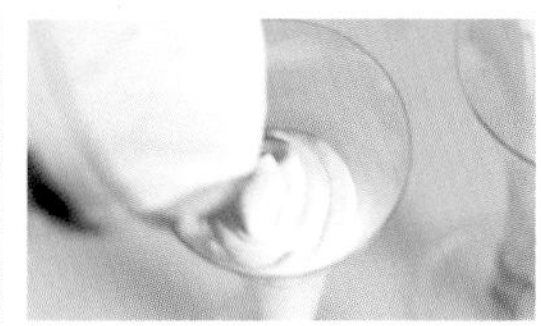

5 투명 잔이나 볼에 ④를 예쁘게 담아 놓고 미리 준비한 장식용 오렌지 껍질을 올려 놓는다.

과일 졸임과 아이스크림

stewed fruits in red wine with ice cream*

레드 와인 300ml
포트 와인 150ml
오렌지 3개
계피 스틱 3~4개
시너몬 파우더 1t
흑설탕 220g
사과 1개
배 1개
푸룬(말린 자두),
건살구 등의 말린 과일 1C
바닐라 아이스크림 4쿱프

과일이 흔치 않은 겨울철에 유럽인들이 즐겨 만들어 먹던 디저트이다. 말라 버렸거나 당도가 낮은 과일 혹은 건과일을 이용해 와인이나 과즙이 들어 간 술에 졸여 만든다. 이 과일 졸임을 긴긴 겨울 밤, 따뜻한 차나 시원하고 부드러운 아이스크림과 곁들여 먹는다.

Tip* 남은 와인을 재활용해서 만들 수 있는 디저트이다. 과일 졸임은 미리 만들어 2~3주일 정도는 냉장보관했다 먹을 수 있다. 따뜻하게 데워 먹어도 좋지만 시원하게 아이스크림이나 생크림, 또는 플레인 요거트를 얹어 먹어도 색다르고 달콤한 후식이 된다. 가끔 사과나 배 등에 바람이 들어 맛이 없을 때 사용하면 알뜰하게 즐길 수 있다.* 과일을 졸일 때 나무 주걱으로 살살 저어 과일이 부서지지 않도록 주의한다. 천천히 졸여야 과일에 색과 향이 배면서 부드러워지기 때문에 졸이는 데 1시간 정도 걸린다.

Tag*
집들이, 티파티, 송년파티, 와인파티, 유럽식, 과일, 졸이기, 디저트 와인, 티, 주스

조리 시간_1시간 20분, 서빙_4인분

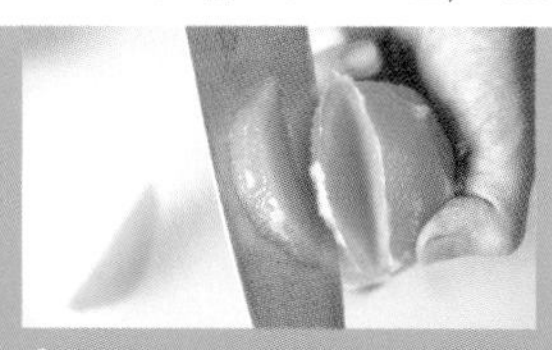

1 사과와 배는 과육 부분만 2x2cm로 자르고, 오렌지는 껍질을 벗겨 과육만 발라내고 나머지는 즙을 짠다.

2 널찍한 냄비에 푸룬, 건살구 같은 말린 과일이나 단단한 과일을 먼저 넣고 레드 와인, 포트 와인, 미리 준비해 둔 오렌지즙, 흑설탕을 모두 함께 넣어 약한 불 위에서 끓인다.

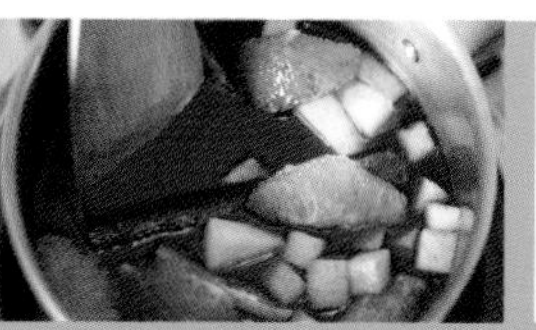

3 시너몬 파우더와 계피 스틱을 넣은 후, 오렌지, 사과, 배 등 나머지 과일을 넣고 중간 세기의 불에서 졸인다. 이때 과일에 골고루 와인 색이 배일 수 있도록 가끔씩 저어준다.

4 과일 졸임이 끈적하게 졸여져 과일에 윤기가 흐르면 불을 끄고 식혀 냉장 보관했다가 아이스크림을 얹어 서빙한다.

chocolate mousse*

초콜릿 무스

프랑스를 대표하는 푸딩 스타일의 디저트로 아이들뿐만 아니라 초콜릿을 좋아하는 어른들에게도 각광받는 메뉴이다. 연인들끼리 키스를 하기 전에 나눠 먹는다는 말이 있을 정도로 달콤하고 진한 맛의 디저트이다.

흰설탕 70g | **물** 110ml | **노른자** 3개 | **쿠킹용 다크 초콜릿 잘게 다진 것** 170g
휘핑 크림 340ml

Tip * 노른자와 뜨거운 설탕 시럽을 섞을 때는 노른자가 익지 않도록 주의하면서 빠르게 계속 저어준다. * 초콜릿을 중탕할 때는 뜨거운 물이 초콜릿에 들어가지 않도록 주의한다. * 무스는 어느 식재료를 사용해도 가능하다. 예를 들어 고기, 생선까지도 가능하다. 무스는 몰랑몰랑 부드러운, 하지만 죽보다는 어느 정도 더 형태를 띠고 있는 음식을 의미하는데 대체로 우리에게는 디저트의 개념으로만 알려져 있다. 보통 크림을 넣어 농도를 맞추게 된다. * 조그만 볼에 찬 물을 담아 준비해 놓고 스푼을 설탕 시럽에 넣었다 빼내어 잠시 찬물에 식혀 손으로 만져서 시럽의 농도를 책정한다. 끈적하게 늘어질 정도면 완성된 것인데 적어도 1cm 이상 끈적하게 늘어져야 한다.

Tag*
송년파티, 티파티, 와인파티, 키즈파티, 유럽식,
봄, 가을, 겨울, 푸딩, 디저트 와인, 티, 양주류

조리 시간_1시간, 서빙_4인분

1 작은 소스팬에 설탕과 물을 넣고 약불에서 설탕이 완전히 녹을 때까지 끓인 후, 설탕이 다 녹으면 중간 불에서 한번 더 끓여 농도를 맞춘다.
(Tip 참조)

2 큰 볼에 노른자를 핸드믹서기를 이용해서 풀어 놓고 그 상태에서 ①의 설탕 시럽을 볼의 벽에 조금씩 흘러 들어가도록 붓는다. 농도가 짙어지고 무스처럼 될 때까지 빠르게 저어준다.

3 작은 냄비에 물을 넣고 그 위에 유리 볼이나 금속 볼을 놓는다. 그 속에 다진 초콜릿을 넣고 약불에서 중탕한다.

4 초콜릿이 다 녹으면 ②의 반죽에 조심스럽게 섞어 준다.

5 휘핑 크림은 핸드믹서기로 단단하지 않게 부드럽게 섞어놓는다.

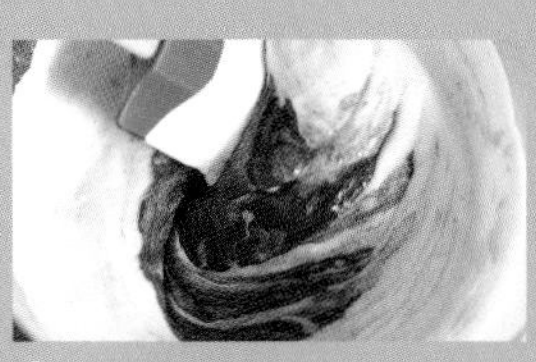

6 이를 ④에 섞어서 원하는 그릇에 담아 랩을 씌워 냉장고에서 6시간 이상 굳힌다.

desserts

"It is not the quantity of the meat, but the cheerfulness of the guests, which makes the feast "

에드워드 하이드 Edward Hyde

역사 학자 에드워드 하이드가 "파티를 더욱 더 성대하게 만드는 것은 음식의 양이 아니라
파티 참석자의 밝은 마음 가짐이다."라고 했던가. 맛있는 음식과 음료, 멋진 파티 데커레이션과 음악, 아름다운 느낌과
추억을 만들어 내려는 사람들의 마음 가짐이 합쳐질 때 우리는 최고의 파티를 즐길 수 있을 것이다.

tea party 티파티

아침부터 분주하게 남편과 아이들을 챙겨보내고 집안 일과 씨름하다가 다시 학교에서 돌아온 아이들을 돌봐야 하는 일상의 반복. 가끔은 그 일상의 반복 속에 격조있는 티타임 한 편을 끼워넣고 싶다.

원래 영국 왕실에서 유래하여 여성들의 사교 모임으로 발전해 왔다는 티파티. 음식 보다는 분위기를 즐기기 위한 파티인 만큼 음식은 차와 케이크 혹은 스콘, 간단한 샌드위치, 쿠키 정도면 충분하다. 차는 보통 홍차나 밀크티를 마시지만 연한 커피나 녹차, 허브차, 꽃차 무엇이라도 좋겠다. 다만 커피잔과 티잔은 구분해 쓴다. 테이블 연출은 심플하면서도 우아하게, 꽃은 테이블 웨어와 조화를 이루는 것으로 준비한다. 여기에 재미를 더해 줄 네임 카드를 곁들인다면 친구들과 나누는 시간이 더욱 정겨워지지 않을까.

티파티에 사용되는 홍차 잔은 입구가 넓고 찻잔의 바디가 얇은 것이 좋다. 그래야 차가 우러나는 것을 눈으로 보면서 그 색과 향을 즐길 수 있기 때문이다.

저녁 식사 후의 와인파티에는 치즈나 과일 안주가 가장 무난하다. 3~4가지로 다양하게 준비해 세련되고 먹기 좋게 담아 낸다.

칵테일로 달콤한 둘만의 파티를 만끽해도 좋겠다. 잔 테두리에 레몬즙이나 꿀을 살짝 바르고 설탕을 묻혀 데커레이션하면 더욱 로맨틱하다.

year-end party 송년파티

한 해를 마감하는 12월. 아쉬움도 미련도 많이 남고 몸도 마음도 바쁜 달이지만 한 해 동안 수고한 가족들, 친지들, 가까운 친구들, 그리고 내 자신을 위해 작은 축제를 만들어 보는 건 어떨까. 아무래도 송년 모임이니 상차림은 좀 화려한 것이 좋겠다.
부피감이 좀 있고 반짝이는 소재를 사용한 센터피스와 약간의 장식품, 여러 개의 양초를 사용하면 가정에서도 쉽게 송년파티의 느낌을 연출할 수 있다. 메뉴는 참석자의 구성에 따라 정하고 술과 어울릴만한 음식들도 잊지 않고 준비한다.

손님들이 다 앉아 식사할 만한 테이블이 없다면 한쪽에 분위기를 살려줄 메인 테이블을 준비하고 음식은 다른 테이블에 준비한다든가 뷔페식으로 음식을 준비해 두고 좌식 상에 앉아 음식을 즐기는 방법 등도 생각해 볼 수 있다.
송년 모임은 되도록 커플이나 가족 단위로 초대해 집에서 편안하게 부부의 정과 가족간의 사랑을 나눌 수 있도록 하는 편이 좋겠다. 한 해를 잘 보낸 것에 감사하고 다음 해를 다짐하며 서로의 따뜻함을 느끼는 의미있는 시간이 될 것이다.

과일을 이용한 센터피스

레몬이나 사과, 포도 같은 과일을 사용해 센터피스를 연출하면 더 생동감 있고 개성 있는 테이블을 만들 수 있다. 생과일을 이용하면 상큼한 향이 배어나와 에피타이저처럼 식욕을 돋구어 주고, 과일 모형을 사용하면 향은 없지만 시들지 않고 여러 번 재사용이 가능해 편리하다.

1 플로랄 폼을 화기에 맞게 잘라 물에 띄워 물을 흡수시킨다. 화기에 플로랄 폼을 채워 넣고 모서리 부분을 칼로 다듬어 준다.

2 레몬과 라임을 반으로 잘라 끝 부분에 와이어를 열 십자로 꽂은 뒤 밑으로 내려 꼬아준다.

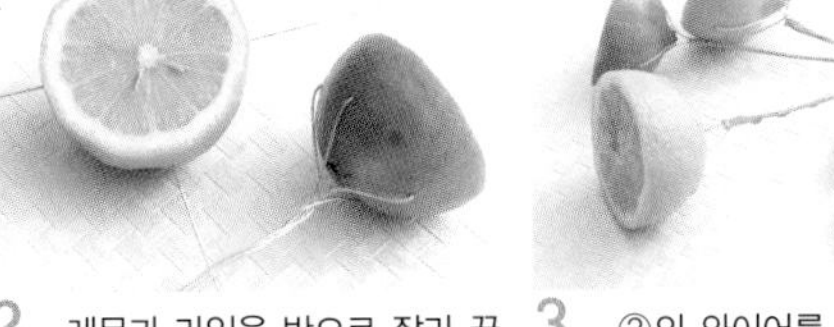

3 ②의 와이어를 플로랄 테이프로 감아준다.

4 루스커스를 10cm 정도로 잘라 ①의 가장자리와 중심에 꽂아 준다.

5 송이가 큰 장미들은 섞어서 윗면 정가운데 중심과 옆면 사방에 꽂아 형태를 잡아준다.

6 나머지 꽃들과 과일은 둥근 돔 형태로 빈 부분에 꽂으면서 형태를 잡아준다.

재료

레몬 1/2개
라임 1/2개
체리 브랜드 1단 (송이가 큰 오렌지 장미)
키위 1단 (그린색 장미)
블랑카 1단 (송이가 작은 오렌지 장미)
루스커스 1/2단 (진초록의 그린 소재)
백일홍 1단 (진 핑크와 오렌지의 송이가 작은 꽃)
와이어
플로랄 테이프
칼

사탕을 이용한 센터피스

어린이를 위한 파티에는 아이들의 시선을 사로 잡을 수 있도록 주로 원색을 사용한다. 여기에 아이들이 좋아하는 풍선과 사탕을 사용하면 효과 만점이다. 특히 사탕은 센터피스인 동시에 디저트의 역할도 하므로 어린이 파티에 잘 어울린다.

재료
다양한 색의 화기 4개
색이 다른 막대 사탕 4봉지
풍선 3~4개
색종이 2~3장
풍선용 컵스틱 6개

1 빨강과 노랑, 파랑 등 다양한 색 상의 화기를 준비한다.

2 플로랄 폼을 화기보다 약간 낮게 잘라 물을 흡수 시키지 않은채로 채워 넣는다. 플로랄 폼이 없으면 스티로폼을 채워 넣는다.

3 화기의 색에 맞춰 막대 사탕을 가득 꽂는다.

4 풍선은 불어서 컵스틱에 꽂아 놓고 색종이는 바람개비를 만들어 스틱에 꽂아 둔다.

5 화기에 풍선과 바람개비를 서로 높낮이를 달리해 꽂아 준다.

크리스마스 센터피스

1 크리스마스 분위기에 맞는 화기에 물이 새지 않도록 플로랄 폼을 비닐로 싸서 화기 속을 채워준다.

2 홍가시 중 선이 예쁘게 뻗은 것을 골라 화기에 맞게 길게 잘라 전체 모양이 원형이 되도록 중심을 잡아 플로랄 폼에 꽂아준다.

3 전체적인 형태가 잡혔으면 나머지 홍가시와 동백을 잘라 공간을 채워 준다.

4 말채는 홍가시 정도로 잘라 끝에 오너먼트를 꽂아 준다.

5 오너먼트를 꽂은 말채를 높낮이를 달리하여 화기의 빈공간에 꽂아 포인트를 준다.

6 작은 오너먼트는 글루건을 이용해 가지 사이 사이에 붙여 준다.

매년 12월이면 크리스마스, 송년회 등 많은 모임을 갖게 되는데 이 때는 계절에 맞게 겨울 느낌의 센터피스를 준비한다. 크리스마스에 어울리는 트리 모양이나 호랑가시 나무, 산타, 초 등을 이용한 센터피스가 적당하다. 테이블 장식도 양말, 선물, 오너먼트(트리 장식품), 눈꽃, 쿠키 등의 소품을 이용하도록 한다. 연말 분위기에 맞게 조금은 큼직하고 화려한 것이 좋은데, 펄이 들어간 큼직한 레드 화기에 라인이 예쁜 그린 소재와 오너먼트 등을 활용해 꽃과 함께 꽂으면 화려한 센터피스가 완성된다.

재료

홍가시 2단
동백 1단
말채 5~6대
볼 모양의 다양한 오너먼트

냅킨 접기

▶ 냅킨 접기에는 다양한 방법이 있지만 캐주얼한 파티에서는 특별히 냅킨을 접어 장식하지는 않는다. 최근에는 코스로 차려지는 정찬 상차림에서도 예전처럼 복잡하고 어려운 냅킨 접기 방법은 많이 사용하지 않는다. 접는 방법은 쉬우면서 간단하게 연출할 수 있고 냅킨의 소재나 색상, 소품 등을 이용하여 포인트를 주는 방법이 주로 사용된다. 냅킨은 대체로 세탁이 쉬운 면 소재를 사용하고 캐주얼한 파티나 어린이 파티, 피크닉 등에서는 주로 종이 냅킨을 사용한다.

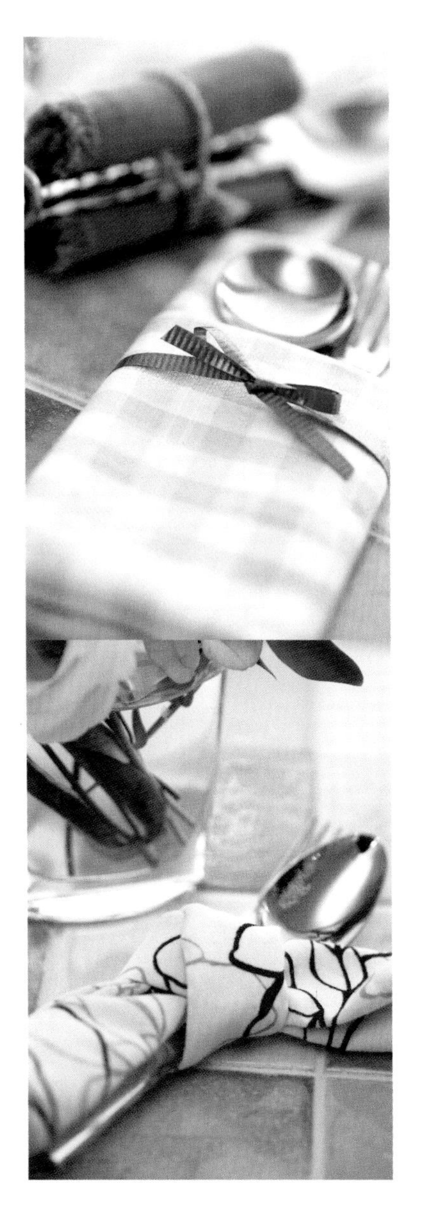

커트러리가 들어 갈 수 있는 세 겹 접기

1 정사각형 냅킨을 반을 접고 한 번 더 접는다. 가장 바깥 쪽 천을 삼각형이 되게 안으로 접어 준다.

2 두 번째 천을 처음 삼각형보다 1cm 정도 나오도록 안으로 접어 준다. 세 번째 천도 두 번째 천보다 1cm 정도 나오도록 접어 준다.

3 양 옆을 안 쪽으로 1/4분량만큼 접어주고 뒤집어서 모양을 다듬어 준다.

두 장의 냅킨을 이용한 매듭 묶기

1 크기가 다른 두 장의 냅킨을 겹쳐 놓는다.

2 겹친 상태에서 한 쪽 방향으로 말아 준다.

3 다 말아지면 한 번 묶어 매듭지어 모양을 다듬어 준다.

커트러리가 들어 갈 수 있는 두 겹 접기

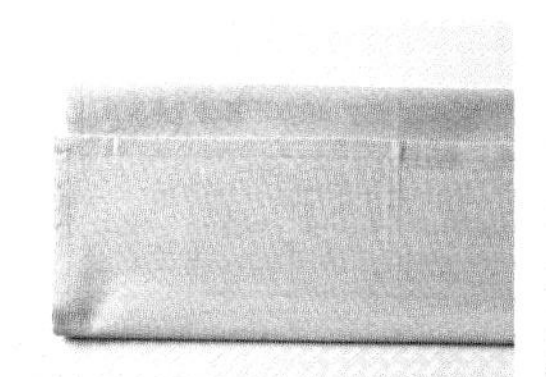

1 냅킨을 펼쳐 직사각형이 되도록 세 겹으로 접어 준다.

2 반대로 뒤집어 반 접어 다시 세 겹으로 접어 준다.

3 다시 앞 쪽으로 뒤집어 모양 다듬어 준다.

냅킨 링

▶ 냅킨 링은 냅킨을 접어 고정 시키거나 혹은 장식 효과를 내고자 할 때 사용한다. 파티 참석 인원이 많거나 캐주얼 파티에서는 대부분 생략하고 인원이 적고 격식을 차리는 정찬 테이블에서 주로 사용한다. 리본, 그린 소재나 꽃, 와이어 등을 사용해 간단히 만들 수 있고 헤어 밴드나 코사지 등을 이용해도 좋다.

멋스러운 나뭇잎 모양을 만들어 냅킨 링으로 사용하면 가을 느낌이 물씬 난다. 이럴 때는 화려한 원색보다는 무지나 아이보리, 연한 갈색의 냅킨이 잘 어울린다.

냅킨을 가장 쉽게 장식하는 방법은 리본으로 묶어주는 것이다. 이 때는 냅킨 색에 맞춰 고급스럽게 스티치가 들어 있는 리본으로 묶어주면 한결 세련돼 보인다.

단추도 훌륭한 냅킨 링이 될 수 있다. 방산시장에 가면 다양한 모양의 단추가 많이 나와 있다. 단추를 실에 꿰어 냅킨 위쪽에 오게 하고, 그 옆에 비슷한 색의 색지나 종이를 같이 꿰어주면 네임카드로도 사용할 수 있다.

맥주는 아무래도 여름을 연상시키는 술이다. 뜨거운 햇볕이 한차례 지나간 여름날 저녁에 시원하게 즐기는 맥주는 그 자체가 파티이다. 디자인이 예쁜 병뚜껑들을 잘 모아 두었다가 리본만 달아주면 센스있는 넵킨링이 완성된다.